国家示范性高等职业院校课程改革教材

Ruanruo Diji Chuli Jishu

软弱地基处理技术

吴敏之　主编
彭富强　主审

人民交通出版社

内 容 提 要

本书为国家示范性高等职业院校课程改革教材。本书采用案例教学的模式，应用大量工程实例，结合国家最新规范进行编写，适应于新的教学实践。全书共分七个学习单元，主要内容包括：软弱地基认知、软弱地基浅层处理、排水固结法、挤密压实法、化学加固法、加筋法以及特殊地基处理。书末附有案例分析题。

本书可作为交通高职院校道路桥梁工程技术及相关专业使用教材，还可供从事软弱地基处理的相关工程人员参考。

图书在版编目（CIP）数据

软弱地基处理技术 / 吴敏之主编 . —北京：人民交通出版社，2010.8

ISBN 978-7-114-08535-2

Ⅰ. ①软…　Ⅱ. ①吴…　Ⅲ. ①软弱地基－地基处理－高等学校－教材　Ⅳ. ①TU47

中国版本图书馆 CIP 数据核字（2010）第 127592 号

国家示范性高等职业院校课程改革教材

书　　名：软弱地基处理技术
著 作 者：吴敏之
责任编辑：黎小东
出版发行：人民交通出版社
地　　址：(100011)北京市朝阳区安定门外外馆斜街3号
网　　址：http://www.ccpress.com.cn
销售电话：(010)59757973
总 经 销：人民交通出版社发行部
经　　销：各地新华书店
印　　刷：北京盈盛恒通印刷有限公司
开　　本：787x1092　1/16
印　　张：8.75
字　　数：209千
版　　次：2010年8月　第1版
印　　次：2018年2月　第2次印刷
书　　号：ISBN 978-7-114-08535-2
定　　价：21.00元

国家示范性高等职业院校课程改革教材
编审委员会

序 言

我院在长期的办学实践中，不断深化职业教育教学改革，先后与80多家大中型企业开展合作办学，探索出了“订单”培养、“秋去春回、工学交替”等人才培养模式，毕业生深受用人单位的欢迎，实现了学校、企业、学生等“多赢”。在校企合作中，我们深刻体会到，要真正实现“技能训练与岗位要求对接、培养目标与用人标准对接”，就必须有一套适合“订单”教学的工学结合的教材，于是就有了与企业技术骨干一起编写教材之愿望，随后几年，各种讲义便呼之欲出。

教育部《关于全面提高高等职业教育教学质量的若干意见》中指出：“高等职业院校要积极与行业企业合作开发课程，根据技术领域和职业岗位（群）的任职要求，参照相关的职业资格标准，改革课程体系和教学内容。”“与行业企业共同开发紧密结合生产实际的实训教材，并确保优质教材进课堂。”2007年，我院被正式列为第二批国家示范性高等职业院校建设单位，开发“工学结合特色教材”作为国家示范重要建设项目，被郑重的写入了建设任务书。

三年来，各教材主要撰写人带领教学团队成员，深入“订单”企业调研，广泛听取企业、学生、职教专家等多方人士意见，并结合国外先进的职教经验，遵循基于工作过程导向的课程开发理念，夙兴夜寐，多易其稿，进一步丰富了原讲义的内容，并付诸教学实践。正是有了各专业教学团队的辛勤耕耘，这套工学结合的系列教材才得以顺利付梓。在这里，我要道三声感谢：感谢国家示范建设项目的实施给我们提供了千载难逢的参与机会，感谢各位领导、省内外职教专家的悉心指导，感谢各位老师、主要撰稿人为之付出的劳动。

诚然，由于我们课程开发的理论功底不深，深入实践的时间有限，教材中错误也在所难免。正如著名职教专家姜大源在国家示范性高等职业院校建设课程开发案例汇编《工作过程导向的高职课程开发探索与实践》序言中所说：“这只是一部习作。习者，蹒跚学步也”。它“虽显稚嫩，却是新起点”。诚恳希望各位同行、专家批评指正。

工学结合是职业教育永恒的主题。即将颁布和实施的《国家中长期教育改革和发展规划纲要(2010～2020)》对大力发展职业教育做出了许多重大举措，特别提出了制定校企合作法规，调动企业参与职业教育的积极性。可以说，职业教育将迎来又一个新的春天。欣逢盛世，责任重大。我们将一如既往地加强与企业的合作，积极探索多种形式的职业教育模式，开发适应企业和市场需求的专业教材，努力培养更多的高技能人才，为实现我国从人力资源大国到人力资源强国的转变作出应有的贡献。

路漫漫其修远兮，吾将上下而求索。

是为序。

王章华

2010年3月于岳麓山下

(王章华为湖南交通职业技术学院院长、教授，中南大学硕士生导师)

前　言

根据国家对高职院校提出的“懂设计、精施工、会管理”的要求，以及随着软弱地基处理技术的发展、各种施工方法和工艺的创新、新材料新设备的应用，我们特编写了本教材。本教材遵循以就业为导向，以职业岗位要求为课程目标，以职业标准要求为课程内容，以教学内容模块化为课程结构，以学生职业能力培养为课程核心，以新技术、新工艺、新材料、新标准为课程视野，以双师素质教师队伍、仿真和真实的实践教学环境为课程保障的课程建设与改革的原则，积极探索“任务驱动”、“项目导向”、“现场见习”等有利于增强学生能力的教学模式，从选用教材到教学大纲、教学计划的修订及教学方法的创新和教学手段的多元化等诸多方面，进行了大量的研究工作，力求使教学内容与新时期先进的软弱地基处理技术紧密结合。

本教材共分为7个单元共25个课题，运用23个工程实例介绍了软弱地基处理的相关基础知识以及现在较为常用的施工方法。在教材编写过程中，采用和参考了国家有关最新规范，结合了示范性高职院校培养要求，突出了适用性和实用性。

本教材单元一、单元二由湖南交通职业技术学院吴敏之编写，单元三由湖南交通职业技术学院汤邦彦、胡诚编写，单元四由湖南交通职业技术学院赵曦编写，单元五由湖南交通职业技术学院赵曦、汤邦彦编写，单元六由湖南交通职业技术学院胡诚、陈小薇编写，单元七由湖南交通职业技术学院陈小薇与湖南省交通建设质量监督站赵一林编写，复习思考题及案例分析题由湖南交通职业技术学院吴敏之、胡诚编写。本教材由湖南交通职业技术学院彭富强主审。

本教材在编写过程中，得到了许多相关单位的支持，在此表示感谢。同时，教材中存在的不足之处恳切希望使用本教材的教师和读者批评指正。

编　者

2010年6月

目 录

单元一　软弱地基认知

课题一　土的基本特性和分类

软弱地基处理技术这门课程是以土为研究对象,以科学的方法来处理施工时不宜作为建筑物地基的软弱地基土。为了更好地学习和理解各种软弱地基处理技术,本单元简要土的基本性质和分类。

一、土的基本特性

(一)土的概念

土是地壳表层母岩经强烈分化作用而形成的大小不等、未经胶结的一切松散物质,包括土壤、黏土、砂、岩屑、岩块和砾石等。根据土粒之间有无黏结性,大致可将土分为砂性土和黏性土。土体是指建筑场地范围内主要由不同土层组成的单元体。土体涉及对建筑物有影响的整个面积与深度。土体在形成过程中因所受的风化作用性质不同,而具有不同的沉积形式。按照土体的成因可分为残积土、坡积土、洪积土、冲积土、淤积土、冰积土和风积土等类型。由于它们是在漫长的地质岁月中,由不同的地质作用,不同时代的物质堆积而成,因而它的组成物质不可能是均匀的,而是由不同层次、不同性质的土层所组成。

(二)土的基本特性

1. 土的三相组成

土的三相组成是指土由固体土粒、液体水和气体三部分组成。土中的固体矿物构成土的骨架,骨架之间贯穿着大量空隙,空隙中充填着液体水和气体。

随着环境的变化,土的三相比例也发生相应的变化,土体三相比例不同,土的状态和工程性质也随之各异。

2. 土的物理性质

土的工程性质常用其物理、水理和力学等方面的性质来进行分析。其中,土的物理性质是土的最基本的工程性质,具有重要的实用价值。下面介绍土质学中土的物理性质指标及物理状态指标。

1)土的物理性质指标

(1)土的重度 γ:土的重度一般指土的天然重度,也称湿重度,是指土的总重力(G)和土的总体积(V)的比值。其表达式如下:

$$\gamma = \frac{G}{V} = \frac{G_s + G_w}{V} \tag{1-1}$$

式中:G_s——土中固体土粒的重力;

G_w——土中天然水分的重力。

(2)土的干重度 γ_d:土的干重度指干燥状态下单位体积土的重力,即土中固体土粒的重力(G_s)与土的总体积(V)的比值。其表达式如下:

$$\gamma_d = \frac{G_s}{V} \tag{1-2}$$

(3)土的饱和重度 γ_{sat}:土的饱和重度是指土的空隙中全部充满水时单位体积水的重力,即土粒的重力(G_s)及空隙中满水的重力(G'_w)之和与土的总体积(V)的比值。其表达式如下:

$$\gamma_{sat} = \frac{G_s + G'_w}{V} = \frac{G_s + V_v\gamma}{V} \tag{1-3}$$

式中:V_v——土中空隙的体积,即土中液体和气体的体积之和。

(4)土的浮重度 γ':土的浮重度也称有效重度,指地下水位以下土体受水的浮力作用时单位体积土的重力。其表达式如下:

$$\gamma' = \frac{G_s - V_s\gamma_w}{V} \quad 或\ \gamma' = \gamma_{sat} - \gamma_w \tag{1-4}$$

式中:V_s——土中固体土粒的体积。

(5)土的相对密度 G_s:土的相对密度是指土在105~110℃温度下烘干至恒重时的质量(m_s)与同体积4℃蒸馏水质量(m_w)的比值。其表达式如下:

$$G_s = \frac{m_s}{m_w} \tag{1-5}$$

(6)土的含水率 w:土的含水率指土中水分的质量(m_w)与土中所含土粒质量(m_s)的比值,一般用百分数表示,表示土中所含水分的数量。其表达式如下:

$$w = \frac{m_w}{m_s} \times 100\% \tag{1-6}$$

(7)土的孔隙比 e:土的孔隙比指土中孔隙体积(V_v)与固体颗粒体积(V_s)的比值,可以直接反映土的密实程度。其表达式如下:

$$e = \frac{V_v}{V_s} \tag{1-7}$$

(8)土的孔隙度 n:土的孔隙度也称土的孔隙率,指土的孔隙体积(V_v)与土的总体积(V)的比值,表示土中空隙大小的程度。其表达式如下:

$$n = \frac{V_v}{V} \tag{1-8}$$

(9)土的饱和度 S_r:土的饱和度指土中水的体积(V_w)与土的全部孔隙体积(V_v)的比值,表示孔隙被水充满的程度。其表达式如下:

$$S_r = \frac{V_w}{V_v} \tag{1-9}$$

2)土的物理状态指标

土的物理状态,对于粗粒土,指土的密实程度;对于细粒土,指土的软硬程度或称为黏性土的稠度。

(1)粗粒土的相对密实度 D_r[1]:用天然孔隙比 e 与同一种砂的最疏松状态孔隙比 e_{max} 和最密实状态孔隙比 e_{min} 进行对比,看 e 靠近 e_{max},还是靠近 e_{min},以此来判断它的密实度,即相对密实度法。

相对密实度表达式如下:

$$D_r = \frac{e_{max} - e}{e_{max} - e_{min}} \tag{1-10}$$

(2)黏性土的稠度:黏性土的稠度,反映土粒之间的黏结强度随着含水率高低而变化的性质。其中,各不同状态之间的界限含水率具有重要意义,如图 1-1 所示。

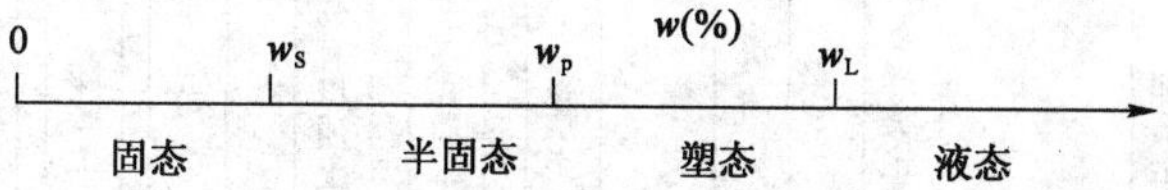

图 1-1　黏性土的稠度

液限 $w_L(\%)$:黏性土呈液态与塑态之间的界限含水率。

塑限 $w_P(\%)$:黏性土呈塑态与半固态之间的界限含水率。

缩限 $w_S(\%)$:黏性土呈半固态与固态之间的界限含水率。

塑性指数 I_P:黏性土与粉土的液限与塑限的差值,去掉百分号,称液限指数,记为 I_P。其表达式如下:

$$I_P = (w_L - w_P) \times 100\% \tag{1-11}$$

液性指数 I_L:黏性土的液性指数为天然含水率与塑限的差值和液限与塑限的差值之比。其表达式如下:

$$I_L = \frac{w - w_P}{w_L - w_P} \tag{1-12}$$

二、土的工程分类

土是自然地质历史的产物,它的成分、结构和性质千变万化,其工程性质也千差万别。为了能大致地判断土的基本性质,合理地选择研究内容及方法,以及方便科学技术交流,有必要对土进行科学的分类。

对于土质分类法,世界各国、各地区、各部门,根据自己的传统与经验,都有自己的分类标准。但总体看来,国内外对分类的依据,在总的体系上也在趋近于一致,各分类法的标准也都大同小异。

《公路土工试验规程》(JTG E40—2007)根据土分类的一般原则,吸收国内外分类体系的优点,结合在工程实践中所取得的试验研究成果,提出了土质统一分类的体系,如图1-2所示。

其分类依据为:①土颗粒组成特征;②土的塑性指标:液限 w_L、塑限 w_P 和塑性指数 I_P;③土中有机质存在情况。

按分类依据,首先应根据颗粒分析资料和图 1-3,计算土样的各分组含量;然后按下列条文进行分类,具体操作技术为逐条向下查对,哪一条中所有条件首先满足就依那一条的分类名为准。

[1] D_r 在《公路土工试验规程》(JTG E40—2007)中,称相对密度,本书为和比重(相对密度)区别,仍采用过去用词——相对密实度。

(一)巨粒土分类

巨粒组质量多于总质量50%的土称巨粒土。根据巨粒组的具体含量,可分为漂(卵)石、漂(卵)石夹土及漂(卵)石质土。

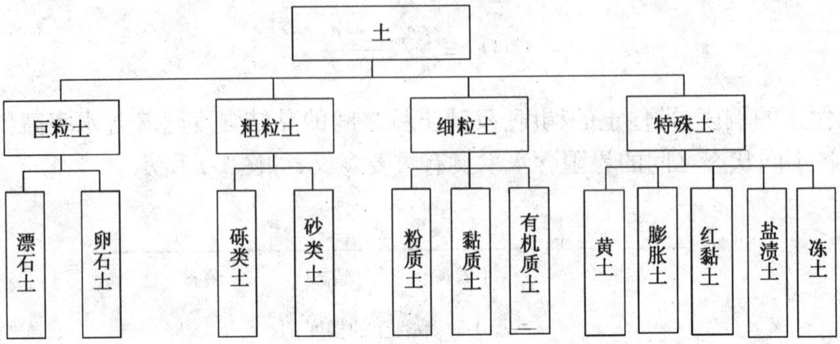

图1-2　土分类总体系图

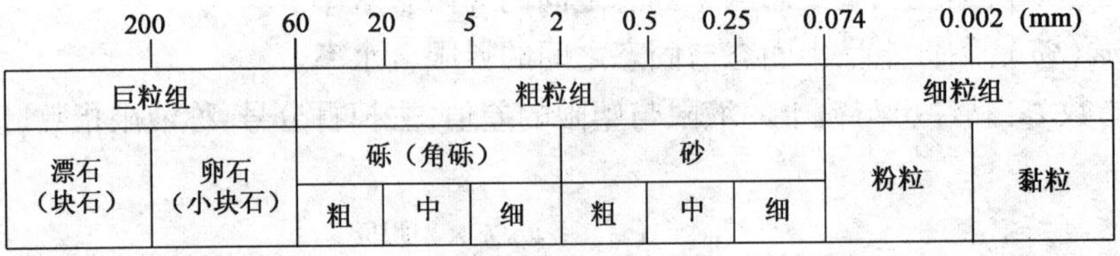

图1-3　粒组划分图

(1)巨粒组质量多于总质量75%的土,称漂(卵)石。其中漂石粒组质量多于总质量50%的土称为漂石,记为B;漂石粒组质量少于或等于50%的土称卵石,记为Cb。

(2)巨粒组质量为总质量75%~50%的土,称漂(卵)石夹土。其中漂石粒组质量多于总质量50%的土称漂石夹土,记为BSL,漂石粒组质量少于或等于50%的土称卵石夹土,记为CbSI。

(3)巨粒组质量为总质量50%~15%的土,称漂(卵)石质土。其中漂石粒多于卵石粒的土称漂石质土,记为SIB;其中漂石粒少于或等于卵石粒的土称为卵石质土,记为SICb。

(4)巨粒组质量少于总质量15%的土,可扣除巨粒,按粗粒土或细粒土的相应规定分类定名。

(二)粗粒土分类

粗粒组质量多于总质量50%的土称为粗粒土(其总质量为巨粒组质量少于试样总质量15%时扣除巨粒组的质量)。粗粒土按其粒组含量可分为砾类土和砂类土。

1.砾类土

粗粒土中砾粒组质量多于总质量50%的土称砾类土。砾类土应根据其中细粒含量和类别以及粗粒组的级配进行分类,其中:

(1)砾类土中细粒组质量少于总质量5%的土称砾。按级配指标,砾又分为级配良好砾,记为GW;级配不良砾,记为GP。

(2)砾类土中细粒组质量为总质量5%~15%的土称含细粒土砾,记为GF。

(3)砾类土中细粒组质量大于总质量15%,并小于或等于总质量50%的土称为细粒土质砾。按细粒土的塑性图(由塑性指数I_P和液限w_L构成),细粒土质砾又可分为粉土质砾,记为

GM；黏土质砾，记为 GC。

2. 砂类土

粗粒土中砾粒组质量少于或等于总质量 50% 的土称砂类土。类土应根据其中细粒含量和类别以及粗粒组的级配进行分类，其中：

（1）砂类土中细粒组质量少于总质量 5% 的土称砂，按级配指标，砂又分为级配良好砂，记为 SW；级配不良砂，记为 SP。砂可进一步细分为粗砂、中砂和细砂。

（2）砂类土中细粒组质量为总质量 5% ~15% 时的土称含细粒土砂，记为 SF。

（3）砂类土中细粒组质量大于总质量的 15% 并小于或等于总质量 50% 的土称细粒土质砂。按细粒土的塑性图，细粒土质砂又可分为粉土质砂，记为 SM；黏土质砂，记 SC。

（三）细粒土分类

细粒组质量多于总质量 50% 以上的土称细粒土。细粒土应该按规定划分为细粒土、含粗粒的细粒土和有机质土。

（1）细粒土中粗粒组质量少于总质量 25% 的土称细粒土。细粒土按塑性图可分为高液限黏土，记为 CH；低液限黏土，记为 CL；高液限粉土，记为 MH；低液限粉土，记为 ML。

（2）细粒土中粗粒组质量为总质量 25% ~50% 的土称含粗粒的细粒土。含粗粒的细粒土可按其组成，分为含砾细粒土和含砂细粒土。

（3）含有机质的细粒土称有机质土。土中有机质包括未完全分解的动物残骸、植物残骸和完全分解的无定形物质。后者多呈黑色、青黑色或暗色；有臭味；有弹性和海绵感。当不能判定时，可采用下列方法：将试样在 105 ~110℃ 的烘箱中烘烤，烘烤 24h 后试样的液限小于烘前的 3/4，该试样为有机质土。有机质土根据塑性图规定，分为有机质高液限黏土，记为 CHO；有机质低液限黏土，记为 CLO；有机质高液限粉土，记为 MHO；有机质低液限粉土，记为 MLO。

（四）特殊土分类

特殊土是由小粒径的黏粒和粉粒组成，根据其颗粒级配、塑性指数 I_P 和液限 w_L 以及含盐量等，分为黄土、膨胀土、红黏土和盐渍土。《公路土工试验规程》（JTG E40—2007）给出了黄土、膨胀土和红黏土在塑性图中的位置及其学名，以及盐渍土的含盐量标准。

在进行地质勘查工作时，我们经常会遇见特殊土的地质。由于特殊土的物理性质和工程特性，它不宜于作天然地基。对于这种特殊土的地质，一般都需要进行一些处理才能将其用作建筑物和结构物的地基。在本书单元七中将对于特殊土地基作详细的介绍。

课题二　软弱地基土及其特性

在高速公路建设中，不可避免地会遇到软弱地基问题。软弱地基具有含水率高、天然孔隙比大、压缩性高、渗透性小、抗剪强度低、固结系数小等不良的工程性质，导致地基承载力往往不能满足工程设计的要求。因此，需要对软弱地基进行人工加固处理。在本单元中，我们首先来了解软弱地基的土质及其特性。

一、软弱地基土及其特性

（一）软土

软土是第四纪全新世形成的近代沉积物，其地质年龄一般为 10 000 ~15 000 年。所有的软土都是在淡水或盐水中沉积的。由于沉积的地质环境(如海滩、三角洲、河口湾、泻湖、湖泊、沼泽等)不同,其空间范围和天然性状也因其沉积环境及其水动力条件的变化而异。

国内外对软土均无统一定义,不同的专业技术部门的解释也不尽相同。有的把软土视为软黏土的简称,有的把松软的冲填土和杂填土等也列入软土,谓之广义软土;有的把软土视为整个软弱土层的简称,有的把软土视力软弱土基的简称。

我国交通行业标准将软土定义为:滨海、湖沼、谷地、河滩沉积的天然含水率高、孔隙比大、压缩性高、抗剪强度低的细粒土。其鉴定标准如表1-1的所示。

软土鉴别表 表1-1

土类	天然含水率(%)		天然孔隙比	直剪内摩擦角(°)	十字板剪切强度(kPa)	压缩系数 $a_{0.1\text{-}0.2}$ (MPa^{-1})
黏质土、有机质土	≥35	≥液限	≥1.0	宜小于5	<35	宜大于0.5
粉质土	≥30		≥0.90	宜小于8		宜大于0.3

软土无论按成因还是按土质划分,种类较多,但它们都具有下列特性:

(1)颜色以深色为主,粒度成分以细粒为主,有机质含量高。

(2)天然含水率高,重度小。天然含水率大于液限,一般在50%~70%之间,液限一般为40%~60%。

(3)天然孔隙比大,一般大于1.0。

(4)渗透系数小,一般在$1\times10^{-4}\sim1\times10^{-8}$cm/s之间。沉降速度慢,固结完成所需时间长。而大部分淤泥和淤泥质土地区,由于该土层中夹有数量不等的薄层或极薄层粉砂、细砂、粉土等,故在垂直方向的渗透性比水平方向要小。

(5)压缩性高,淤泥和淤泥质的压缩系数一般为0.7~1.5MPa^{-1},最大达4.5MPa^{-1},且随着土的液限和天然含水率的增大而增高。

(6)抗剪强度低,软土的快剪黏聚力小于10kPa,快剪内摩擦角小于5°,固结快剪的强度略高,凝聚力小于15kPa,内摩擦角小于10°。

(7)软土的灵敏度高,灵敏度一般在2~10之间,有时大于10,并具有显著的流变特性。

(二)冲填土

冲填土是人为地用水力方式冲填而沉积的土,近年来多用于沿海滩涂开发及河漫滩造地。西北地区常见的水坠坝(也称冲填坝)即是冲填土堆筑的坝。冲填土形成的地基可视为天然地基的一种,它的工程性质主要取决于冲填土的性质。

冲填土地基一般具有如下一些重要特性:

(1)颗粒沉积分选性明显,在入泥口附近,粗颗粒较先沉积,远离入泥口处所沉积的颗粒变细;同时在深度方向上存在明显的层理。

(2)冲填土的含水率较高,一般大于液限,呈流动状态。停止冲填后,表面自然蒸发常呈龟裂状,含水率明显降低,但下部冲填土当排水条件较差时仍呈流动状态,冲填土颗粒愈细,这种现象愈明显。

(3)冲填土地基早期强度很低,压缩性较高,这是因冲填土处于欠固结状态。冲填土地基随静置时间的增长逐渐达到正常固结状态。其工程性质取决于颗粒组成、均匀性、排水固结条件以及冲填后静置时间。

(三)杂填土

杂填土主要出现在一些老的居民区和工矿区内,是人们生活和生产活动所遗留或堆放的垃圾土。这些垃圾土一般分为三类:建筑垃圾土、生活垃圾土和工业生产垃圾土。不同类型的垃圾土、不同时间堆放的垃圾土,很难用统一的强度指标、压缩指标、渗透性指标加以描述。

杂填土的主要特点是:无规划堆积、成分复杂、性质各异、厚薄不均、规律性差。因而同一场地表现为压缩性和强度的明显差异,极易造成不均匀沉降,通常都需要进行地基处理。

(四)饱和松散砂土

粉砂或细砂地基在静荷载作用下常具有较高的强度。但是当受到振动荷载(地震、机械振动等)作用时,饱和松散砂土地基则有可能产生液化或大量震陷变形,甚至丧失承载力。这是因为土颗粒松散排列并在外部动力作用下颗粒的位置产生错位,以达到新的平衡,瞬间产生较高的超静孔隙水压力,有效应力迅速降低。

(五)湿陷性黄土

在上覆土层自重应力作用下,或者在自重应力和附加应力共同作用下,因浸水后土的结构破坏而发生显著附加变形的土称为湿陷性土,其属于特殊土。有些杂填土也具有湿陷性。广泛分布于我国东北、西北、华中和华东部分地区的黄土,多具湿陷性。(这里所说的黄土泛指黄土和黄土状土。湿陷性黄土又分为自重湿陷性和非自重湿陷性黄土,也有的老黄土不具湿陷性。)

(六)膨胀土

膨胀土的矿物成分主要是蒙脱石,它具有很强的亲水性,吸水时体积膨胀,失水时体积收缩。这种胀缩变形往往很大,极易对建筑物造成损坏。膨胀土是特殊土的一种,在我国的分布范围很广,如广西、云南、河南、湖北、四川、陕西、河北、安徽、江苏等地,均有不同范围的分布。

(七)多年冻土

冻土是指0℃以下,并含有冰的各种岩石和土。一般可分为短时冻土(数小时、数日以至半月)、季节冻土(半月至数月)以及多年冻土(数年至数万年以上)。我国多年冻土主要集中分布在大、小兴安岭,是欧亚大陆多年冻土南缘以及西藏高原;平面分布服从纬度地带性规律及海拔高的地方,冻土面积约大,厚度越厚规律。冻土是一种对温度极为敏感的土体介质,含有丰富的地下冰。因此,冻土具有流变性,其长期强度远低于瞬时强度。正由于这些特征,在冻土区修筑工程构筑物面临两大危险:冻胀和融沉。

(八)岩溶

在岩溶地区常存在溶洞或土洞、溶沟、溶隙、洼地等。地下水的冲蚀或潜蚀使其形成和发展,它们对结构物的影响很大,易于出现地基不均匀变形、崩塌和陷落。因此在修建结构物之前,必须进行必要的处理。

(九)含有机质土和泥炭土

当土中含有不同的有机质时,将形成不同的有机质土;在有机质含量超过一定含量时就形成泥炭土。它具有不同的工程特性,有机质的含量越高,对土质的影响越大,主要表现为强度低、压缩性大,并且对不同工程材料的掺入有不同影响等,对直接工程建设或地基处理构成不利的影响。

无论哪种类型的软弱地基,它的软硬都是相对的,在工程设计和施工时,不要拘泥于它们的定义,只要路堤或其他荷载在地基上有可能出现过大有害的变形与强度不足的问题,都应进行承载能力、稳定性、沉降等验算，凡不能满足设计要求时均应作为软弱地基并采取相应处理措施。

二、软弱地基上的公路工程问题

(一)路堤的稳定性问题

填筑在软弱地基上的路堤失稳破坏方式一般分为刺入破坏和圆弧滑动破坏两类，下面对其作简要介绍。

1. 刺入破坏

刺入破坏如图 1-4 所示。

2. 圆弧滑动破坏

这类破坏方式更为常见，它是部分路堤和地基土沿着破裂面发生位移的结果，其破裂面形式因地基的力学性质而异，如图 1-5 所示。计算时为简便起见，一般取破裂面为圆弧，即认为其是旋转滑动的。这种破坏可以由路堤上的加载或路堤坡脚的开挖引起。

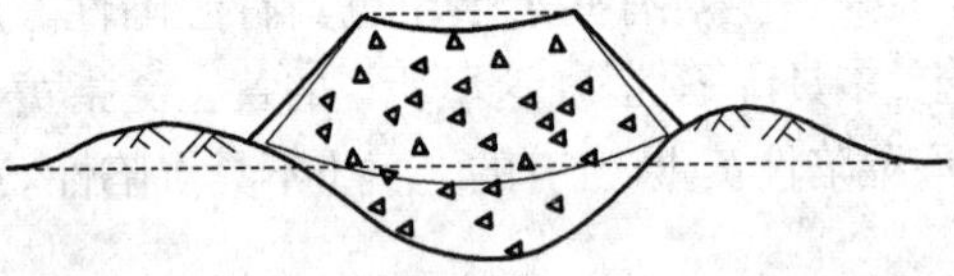

图 1-4　刺入破坏

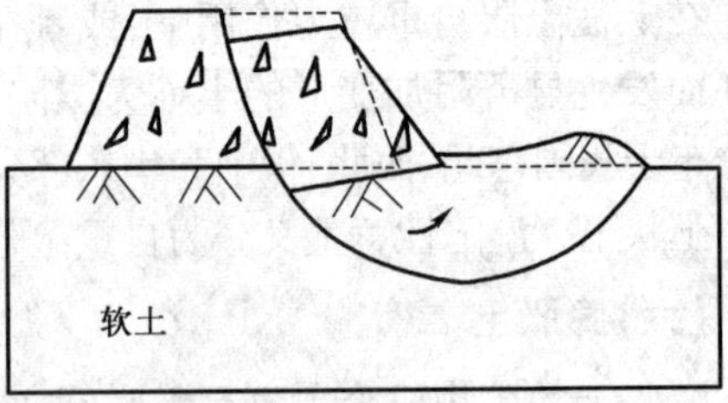

图 1-5　圆弧滑动破坏

软弱路堤稳定分析方法，大多采用极限平衡原理，即根据土体沿着假想滑动面上的极限平衡条件进行分析。该方法中，由于条分法能适应复杂的几何形状和各种土质和孔隙水压力条件，因而成为最常用的方法。

(二)路堤的沉降问题

与路堤稳定性的快速破坏相反，路堤沉降是软弱地基在上覆填土重力作用下长期缓慢变形的结果。路堤沉降可以因路堤中心竖直陷入软弱地基土引起，也可是软基的垂直下陷与侧向位移联合作用的结果(图 1-6)。沉降量通常达数十厘米，对于很软的、厚度大的软基，沉降量可达数米，而且路堤中心的沉降比两侧大；垂直变形比水平变形也要大得多，二者的比值取决于安全系数、路堤的几何尺寸及软土的厚度。沉降的速率与软土的性质、厚度及是否存在排水层有关，一些竣工后十余年的路堤，测得剩余沉降的情况并不罕见。

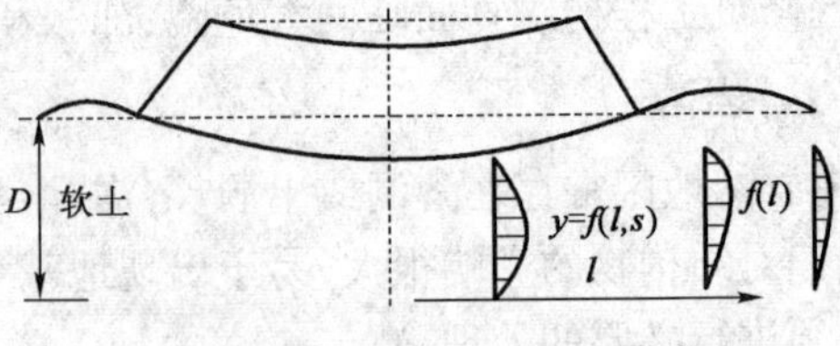

图 1-6　软弱地基的沉降与侧向位移

地基沉降的理论分析方法可归纳为两种类型：一类是理论公式法；另一类是数值分析法。理论公式法建立在太沙基等人创立的经典土力学基础上，其中引入了许多简化假定。这类方法具有简便、直观、计算参数少且易取得等优点，因而在工程中得到广泛应用。数值分析法则是近代土力学研究的产物。20 世纪 70 年代以来，随着计算机和有限元应用技术的发展，人们可以将复杂的土工计算问题编制成有限元计算程序，通过计算机运算，从而得到较准确的计算结果。利用数值分析法，可以较全面地考虑土体的变形特性及其边界条件，理论上较严密。但这种方法有一定难度，缺乏理论公式法所具有的许多优点，因此，在工程中未能得到广泛应用。

（三）软弱地基土与结构的相互作用问题

软弱地基的水平和垂直变形常常不可避免地影响到路堤附近的结构物，如挡土墙、桥台，以及埋在填土路堤中的各种管线等。这些影响也分为两类；一类是软基破坏的影响；另一类是软基沉降的影响。

1. 软基破坏的影响

地基土的破裂在路堤和软土层中可以引起快速显著的运动，其结果表现为路堤的沉陷和天然地面的隆起，这种隆起有时可达数米。地基变形的结果还表现在桥梁桩基的破坏、桥台和挡土墙的倾覆以及地下管线的损坏。

2. 软基沉降的影响

软基沉降的影响一般更为常见。因为结构物在设计时，通常考虑了较高的安全系数，而软基的沉降则是缓慢长期的，很容易被忽视或对其影响估计不足。这方面的典型例子就是桥梁工程，在穿过软基的桥桩竣工后，进行路堤施工时，由于填筑时的软基沉降，实际填土厚度比设计的大，路堤竣工后，由于沉降，还要经常填土弥补长期的工后沉降，这样就加大了对地基桥桩的水平和垂直作用力，特别是软基沉降对桩身产生的负摩擦力的影响，导致桥台锥坡的破坏，而且造成了桥台的移位、桩基的沉降、桥台后梁的脱落，以及由于桥台台背土压力对桥梁面板的挤压而产生的裂隙、鼓胀、接缝等破坏（图1-7）。

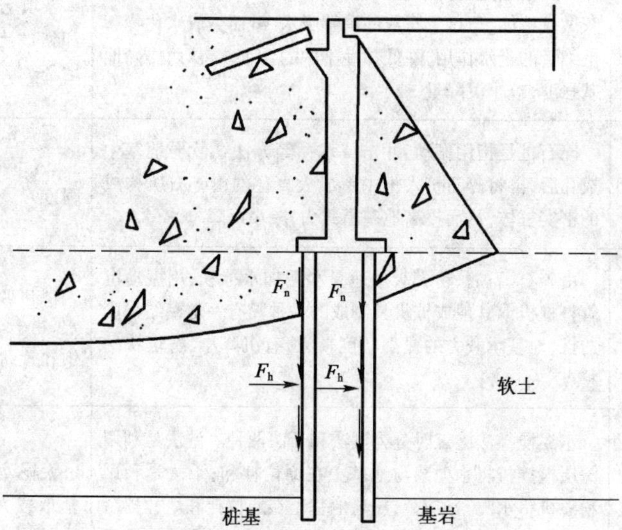

图1-7　软基变形对桩产生的作用力

课题三　常用软弱地基处理技术

一、软弱地基处理方法

软弱地基处理的方法很多，各种方法都有它的适用范围。具体工程的地质条件千变万化，对地基处理的要求不尽一致，而且施工部门采用的机具、当地的材料都会不同，因此必须具体分析，从地基条件、处理要求、处理范围、工程进度、材料机具等方面进行综合考虑，以确定合适的处理方法。高等级公路软土地基常用的地基处理方法、加固原理和适用范围如表1-2所示。

软弱地基常用处理方法 表 1-2

分　类	方　法	处理原理	适用范围
浅层处理	强夯法	将一定质量的夯锤从适当高度自由下落，反复夯击地面，地基土在强夯的冲击力和振动力共同作用下得到振实、挤密，从而提高地基的承载能力，降低其压缩性	杂填土、非饱和黏性土以及湿陷性黄土地基
	置换法	将基础底面以下不太深的处理范围内的软弱土层挖去，然后以质地坚硬、强度较高、性能稳定好、具有抗侵蚀性的材料分层换填	填土高度小、软土层薄、埋深浅、排水性好、砂源丰富的软土地基
排水固结	砂井 袋装砂井 塑料排水板	在软土地基中设置竖向排水系统，在逐级填筑路堤荷载作用下使地基土体排水固结，产生固结沉降，使土体强度增加，地基承载力提高，有效减小地基沉降，增加地基稳定性	软黏土、淤泥和淤泥质地基
挤密压实	砂桩	用振动或冲击荷载在软弱地基中成孔后，再将砂挤压入土中，形成大直径的密实柱体，提高地基的强度，减少地基的压缩性，或提高地基的抗震能力，防止饱和软弱土地基液化	松散砂土、人工填土、粉土或杂填土等地基
	石灰桩	石灰桩法是用打砂桩的方法，在黏性土地基中用生石灰做成柱体，通过生石灰的消解吸水、继而生成水化物和毛细管的吸水作用，降低黏性土中的含水率，从而提高地基强度，减小沉降量	杂填土、素填土、淤泥、淤泥质土和黏性土及透水性小的粉土等地基
	碎石桩	碎石桩是指用振动、冲击或水冲等方法在软弱地基中成孔后，再将碎石挤入土中形成大直径的由碎石所构成的密实桩体，从而提高地基承载力，减小沉降	饱和松散砂土、饱和黄土、杂填土、人工填土、粉土和不排水抗剪强度 C_u 不小于 20kPa 的黏性土等地基
	CFG 桩	由碎石、石屑、粉煤灰掺适量水泥加水拌和，用振动沉管打桩机或其他成桩机具制成的一种具有一定黏结强度的桩，地基承载力的提高幅度较大，有沉降小、稳定快的特点	饱和及非饱和黏性土、松散的砂土、粉土等地基，对塑性指数高的饱和软黏土使用应慎重
化学胶结	水泥搅拌桩	水泥搅拌法施工时分为湿法和干法两种。湿法是利用深层搅拌机将水泥浆与地基土在原位拌和；干法是利用粉喷机将水泥粉或石灰粉与地基土在原位拌和。搅拌后形成柱状水泥土体，可提高地基承载力，减少沉降，增强地基稳定性	淤泥、淤泥质土、含水率较高、地基承载力不大于 120kPa 的黏性土、粉土等软土地基
	高压喷射桩	利用钻机把带有喷嘴的注浆管钻到设计深度的土层，将浆液高压冲击土体，使土体与浆液搅拌混合，并按一定的浆土比例和质量重新组合，在土中形成一个固结体	淤泥、淤泥质土、黏性土、黄土、砂土、人工填土和碎石土等地基
	灌浆法	通过注入水泥浆液或化学浆液的措施，使土粒胶结，以提高地基承载力，减少沉降，增加稳定性，防止渗漏	淤泥、淤泥质土、含水率较高的黏性土、粉土等地基
加筋土	土工合成材料	利用土工合成材料的强度、韧性等力学特性，以扩散土中应力，增大土体的刚度和抗拉强度，与土体构成各种复合土工结构	砂土、黏性土和软土的加固，或用于反滤、排水和隔离的材料

续上表

分　类	方　法	处理原理	适用范围
加筋土	加筋土	通过带状拉筋与填土的摩擦力来平衡、减小作用于挡土墙的土压力	人工填土、砂土的路堤、挡土墙、桥台、水坝等
	锚固法	通过锚固在边坡或地基岩层或土中受拉杆件的锚固力,承受土压力、水压力或风力施加在结构上的推力,维持结构的稳定	可靠锚固的土层或岩层

二、常用软弱地基处理方法的组合

为同时解决软土路基沉降、稳定性或加强某一种软土地基处理方法的效果,一般不单独采用一种处理方法,多数采用两种以上组合方法处理软基,即软土的综合处理。设计综合处理时,应遵循的原则是:加速排水固结的措施与增强软土地基强度的措施相结合;地上、地面处理与地下处理相结合;避免两种软土地基处理方法在施工上出现干扰及其作用上的相互抵消。其组合形式有以下几种:

(1)砂垫层与固结排水法并用。不仅施工机械作用容易,同时排水垫层也能起到一定作用。

(2)填土预压法与竖向排水井法并用,可加速固结沉降。

(3)填土预压法与反压护道法,或填土预压法与砂子加实桩法并用。由填土预压促进固结沉降,由反压护道或砂子加实桩达到软土路基的稳定。

(4)在填土中央采用竖向排水法,坡脚处采用砂子加实桩。其作用是竖向排水促进沉降,砂子加实桩达到稳定,如图1-8所示。

(5)反压护道法与竖向排水法并用。由反压护道获得软土路基的稳定,由竖向排水法促进软土地基固结,如图1-9所示。

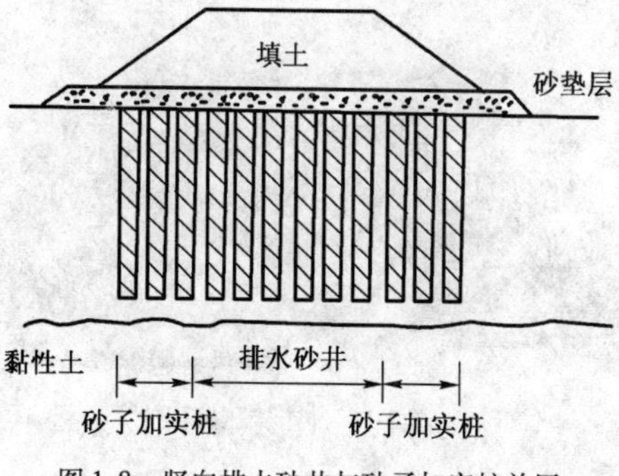

图1-8　竖向排水砂井与砂子加实桩并用

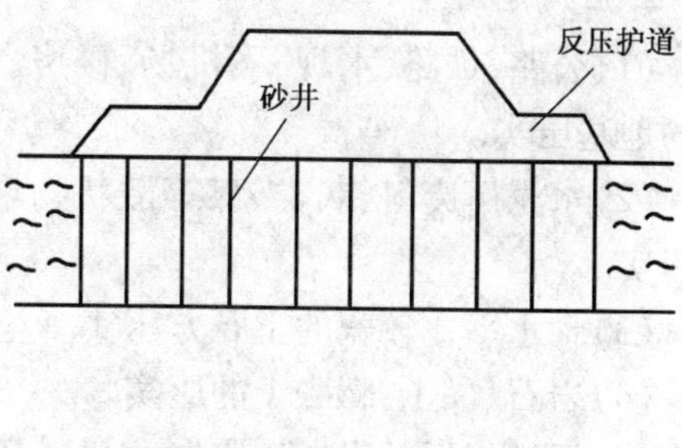

图1-9　反压护道与竖向排水井并用

复习思考题

1. 软弱地基土具有什么工程特性?
2. 软弱地基土分为哪几类?
3. 在软弱地基上进行公路工程施工会遇到哪些问题?
4. 简述几种常用的软弱地基处理方法。

单元二　软弱地基浅层处理

课题一　表 层 夯 实

一、压实机械浅层压实

压实机械浅层压实的加固原理：大强度压路机利用液压冲击、压实低饱和度的黏性土、粉土和湿陷性黄土等软弱土层，改变土层的物理性质和结构，提高承载能力，减小地基沉降。该法压实影响深度可高达5m，有效压实深度达1m。

【工程实例2-1】 某工程冲击式压路机处理软土地基。

某高速公路有37km长的湿陷性黄土地基。为避免黄土湿陷在设计使用年限内的残余沉降（简称工后沉降）引起路基路面病害，采用了25kJ三边形冲击压路机冲压路床。冲压30遍后，路床平均下沉量为21.8cm，1.5m深度范围土体密实度由72%提高至90%以上，2m范围内提高至85%以上，路床下80cm处承载力由62kPa提高至150kPa，CBR值由5.1%提高到13.8%，地基承载力提高两倍以上，路床2m范围内形成了连续均匀的加固层，已满足硬壳层受力及工后沉降设计要求，处理费用仅相当于50cm砂石垫层的20%。

1.施工机具

冲击式压路机如图2-1所示。

2.应用范围

(1)公路、铁路、水坝、飞机场、楼房、工厂、住宅的地基压实。

(2)水泥厂废料、灰类、煤等散状物堆放场地的压实。

(3)含水率比较宽的土石方压实。

(4)岩石、黏土、膨胀土的压实。

(5)露天煤层的阻燃压实。

图2-1　冲击式压路机

3.主要特点

(1)采用蓄能器、液压缸、牵引轴上的压簧缓冲、消除冲击对牵引车的影响。

(2)操纵举升缸，冲击轮被拖车支承离开地面，可作短途转场而不损坏路面。

(3)液压油来自牵引车液压系统，通过快换接头连接，方便，快捷。

(4)工作中，可选用推土机、平地机、洒水车配合，便于更有效压实。

4.生产效率高

(1)每小时压实的面积可高达20 000m^2。

(2)平均工作速度为 10 ~ 15km/h。

(3)压实影响深度可高达 5m,有效压实深度 1m。

(4)每次填方厚度为 800 ~ 1 200mm。

(5)工程效益是其他设备的 10 倍。

二、强 夯 法

强夯法的加固原理:将一定质量的夯锤从适当高度自由下落,反复夯击地面,地基土在强夯的冲击力和振动力共同作用下得到振实、挤密,从而提高地基的承载能力,降低其压缩性。强夯法适用于杂填土、非饱和黏性土以及湿陷性黄土等。

【工程实例 2-2】 强夯法加固湖南省政府新址道路及建筑地基。

(一)工程及场地地质概况

湖南省政府机关办公大院新址位于长沙市天心区原畜牧农场地段,芙蓉南路与湘府路交汇处西北侧,包括省长办公楼、主办公楼、厅局办公楼等四栋主要建筑,预留建筑场地、广场及附属建筑,院内有多条纵横交错的道路,面积近 40 000m^2。场地地形北西高南东低。地貌上为湘江第四系阶地沉积,整个场地主要位于一条近东西向的宽 100 余米的冲沟内。冲沟内为鱼塘、菜地、果园,两侧山坡低缓,由第四系红黏土组成,阶地沉积经红土化作用的结果,整个场地高差起伏较大。冲沟内地层自上而下依次为:①耕作土,厚 0.5m 左右;②淤泥质黏土或淤泥,黑灰色,厚 0.5 ~3.0m,软塑,工程性质差;③黄色砂砾层,为古湘江冲积成因;④网纹状红色黏土,夹较多砂砾,为第四系残积土;⑤白垩系泥质粉砂岩。地表水主要分布于鱼塘及沟渠中。地下水包括上层滞水和潜水,最小埋深 0.5m 左右,且地下水对混凝土具有中等腐蚀作用。为整平场地达到设计高程,最低处需填土 9m 左右。

(二)地基处理初步设计

地基处理方案采用强夯和分层碾压法综合处理,即对冲沟两侧山坡挖方区和填方厚度区采用碾压和分层碾压法,对填土厚度大于 3m 的区段采用强夯法。填土为两侧山坡开挖的含较多砂、砾的网纹状红黏土,其工程性质优良,最佳含水率为 18.5%,最大干重度为 17.8kN/m^3。

1. 强夯初步设计参数

(1) 单点夯击能 E:当填土厚度不大于 5m 时,E =1 500kJ;当填土厚度为 5 ~9m 时,E =4 000kJ。

(2)单位夯击能:试夯区建议值为 2 500kJ/ m^2。

(3)夯点布置:第一、二遍均为 4m ×8m,两遍夯点成正方形布置;第三遍夯 4m ×4m(图 2-2)。

(4)强夯遍数和每点击数由收锤标准控制,收锤标准为:

①最后两击平均夯沉量。

②不因夯坑过深发生收锤困难。

③夯坑周围地面不出现明显裂隙。

(5)相邻两遍强夯之间的时间间隔 ,依现场试夯测量的孔隙水压力的消散时间而定。

(6)搭夯:

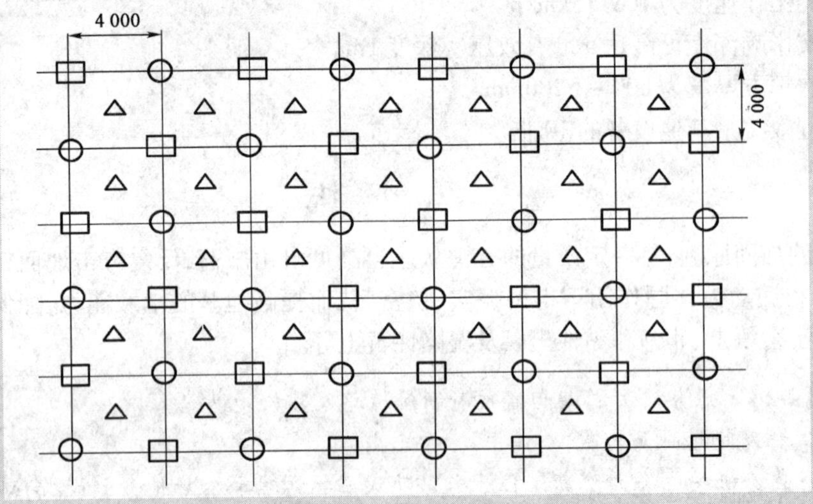

图 2-2　试夯区夯点布置示意图(尺寸单位:mm)

○-第一遍夯点;□-第二遍夯点;△-第三遍夯点

①单击夯击能 E:当填土厚度不大于 5m 时,E = 1 000kJ;当填土厚度 5 ~ 8m 时,E = 1 500kJ。

②搭夯按每次搭接 1/3 锤面积进行。

2. 地基处理要求

(1)强夯后,地面 0.1m 下地基要求平均校正标贯击数 $N>8$。

(2)碾压或强夯后地表下沉 0 ~ 80cm,压实度 $K \geqslant 95\%$;地表下沉 80 ~ 200cm,$K \geqslant 93\%$;地表下沉 >200cm,$K \geqslant 90\%$。

(3)地基承载力标准值达到 150kPa,压缩模量 $E_S \geqslant 8$MPa。

为提高强夯效果,沿原冲沟自西向东设置主排水盲沟,其截面为 3m × 1.5m(高 × 宽),并沿主盲沟垂直设置支排水盲沟,其截面积为 2m × 1m。

(三)试夯区施工

1. 试夯区划分

试夯区分为填土厚 5m 试夯区和填土厚 8m 试夯区,每个试夯区面积为 24m × 24m,其中填土厚 8m 的试夯区又分为两个。

2. 试夯施工设备及有关强夯参数

采用具有自动脱钩装置的履带式起重机。夯锤为钢质骨架圆形,内填混凝土。

(1)对填土厚 5m 的试夯区,采用的夯锤重 12t,锤底直径 2m,提升高度 12m。夯击 3 遍,每遍 10 击,单位面积夯击能为 5 000kJ/m²。

(2)对填土厚 8m 的试夯区,锤重 20t,锤底直径 2m,落距分别为 10m(2 000kJ 能级试夯小区)和 15m(3 000kJ 能级试夯小区)。夯击 3 遍,每遍 8 击左右,单位面积夯击能分别为 8 000kJ/m² 和 12 000kJ/m²。

(3)普夯:采用的夯锤质量为 10t,落距 10m,即单击能为 1 000kJ。

上述试夯区的收锤标准均采用沉降法控制,即最后一击沉降 50 ~ 60mm。

3. 试夯效果

长沙理工大学对该地基处理工程进行了室内、外试验检测工作。室内试验包括地基原位和填土的夯前夯后的含水率、天然重度、干重度、液限、塑限、剪切强度、击实、压缩及渗透试验等；现场试验包括：17 个钻孔共 71 次标贯试验，6 个载荷板试验，28 个点的密实度检测（灌砂法），孔隙水压力钻孔 6 个，埋设孔隙水压力计 23 个。

1）室内试验

各类室内试验结果见表 2-1、表 2-2、图 2-3 和图 2-4。

室内试验结果表（一）

表 2-1

项目	夯前				夯后			
深度 H(起夯面下)(m)	0~2	2~3.5	3.5~5	>5	0~2	2~3.5	3.5~5	>5
含水率 w(%)	23.82	21.378	19.733	22.43	20.587	21.777	20.772	23.462
密度 ρ(g/cm^3)	1.883	1.869	1.977	1.989	2.056	2.001	1.995	1.988
干密度 ρ_d(g/cm^3)	1.521	1.54	1.651	1.625	1.705	1.643	1.652	1.61
压实度 K_d	84.972	86.034	92.235	90.782	95.251	91.788	92.291	89.944
G_s(g/cm^3)	2.718	2.718	2.718	2.718	2.718	2.718	2.718	2.718
平均孔隙比 e	0.787	0.765	0.646	0.673	0.594	0.654	0.645	0.688
饱和度 S_r	0.822	0.759	0.83	0.906	0.942	0.905	0.875	0.927
液限 w_L	46.5~48	46.5~48	46.5~48	46.5~48	46.5~48	46.5~48	46.5~48	46.5~48
塑性指数 I_p	18~21	18~21	18~21	18~21	18~21	18~21	18~21	18~21
压缩系数 a(MPa^{-1})	0.324	0.189	0.287	—	0.087	0.116	0.2	0.347
压缩模量 E_s(MPa)	6.067	8.582	5.67	—	18.921	13.731	8.17	4.848
渗透系数 k(cm/s)	2.87×10^{-5}	2.9×10^{-6}	7.46×10^{-7}	7.46×10^{-7}	7.46×10^{-7}	7.46×10^{-7}	7.46×10^{-7}	7.46×10^{-7}
c(kPa)	23.21	23.25	21.91	37.15	18.75	39.23	13.56	42.14
φ(°)	29.8	29.81	27.76	28.15	29.54	24.63	32.14	24.72

室内试验结果表（二）

表 2-2

项目	夯前					夯后				
深度 H(起夯面下)(m)	0~2	2~3.5	3.5~5	5~7	7~9	0~2	2~3.5	3.5~5	5~7	7~9
含水率 w(%)	16.769	17.42	19.364	21.108	26.315	18.449	17.909	18.674	22.008	25.162
密度 ρ(g/cm^3)	1.798	1.822	1.826	1.893	1.931	2.012	1.99	1.917	1.989	2.008
干密度 ρ_d(g/cm^3)	1.54	1.552	1.53	1.563	1.529	1.699	1.688	1.615	1.63	1.604
压实度 K_d	86.034	86.074	85.475	87.318	85.419	94.916	94.302	90.223	91.061	89.609
G_s(g/cm^3)	2.718	2.718	2.718	2.718	2.718	2.718	2.718	2.718	2.718	2.718
平均孔隙比 e	0.765	0.751	0.776	0.739	0.778	0.6	0.61	0.683	0.667	0.695
饱和度 S_r	59.584	63.022	67.783	77.638	91.977	83.607	79.773	74.316	89.617	98.472
液限 w_L	46.5~48	46.5~48	46.5~48	46.5~48	46.5~48	46.5~48	46.5~48	46.5~48	46.5~48	46.5~48
塑性指数 I_p	18~21	18~21	18~21	18~21	18~21	18~21	18~21	18~21	18~21	18~21
压缩系数 a(MPa^{-1})	0.278	0.21	0.207	0.204	0.571	0.083	0.179	0.119	0.145	0.327
压缩模量 E_s(MPa)	6.17	8.097	7.642	8.146	2.939	19.482	10.234	13.818	11.428	5.37
c(kPa)	18.11	21.46	22.94	26.15	12.75	25.5	34.46	15.57	5.4	7.15
φ(°)	28.8	30.36	29.56	25.35	10.5	30.2	25.74	30.25	33.3	15.16

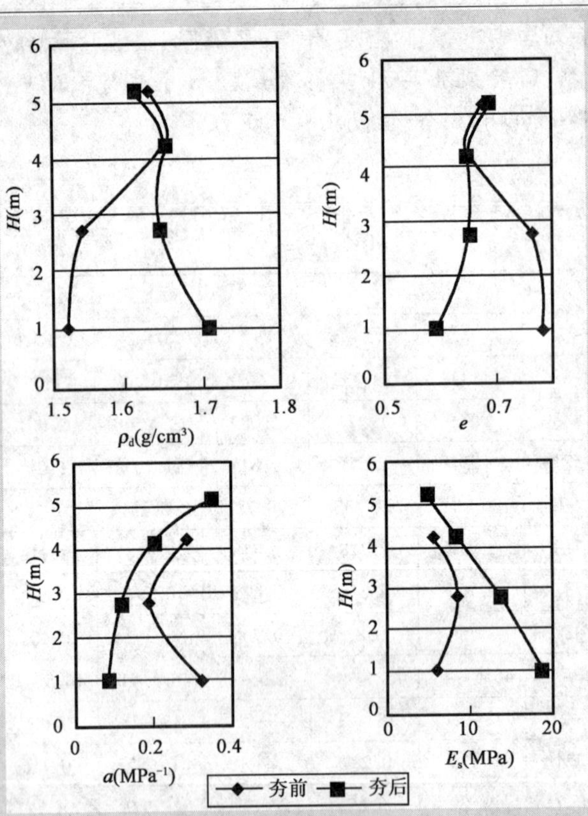

图 2-3　室内试验结果图(一)

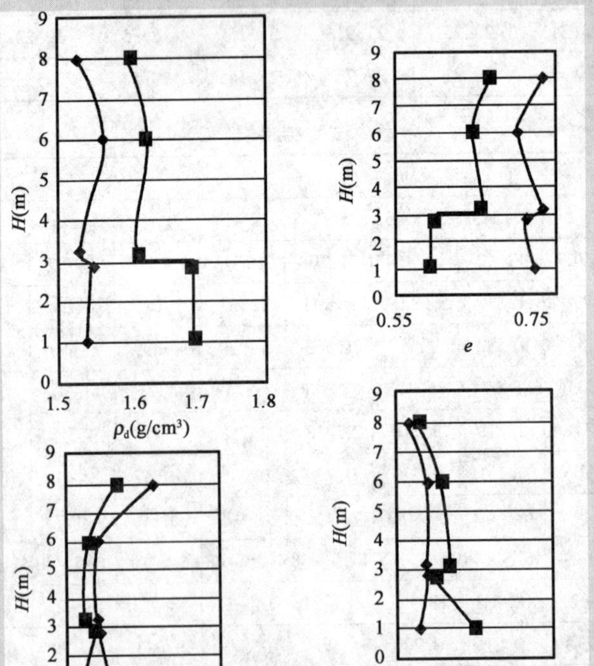

图 2-4　室内试验结果图(二)

由试验结果图表分析如下：

(1)含水率、饱和度、液塑限在强夯前后基本上没有变化。

(2)夯后地基土的天然重度、干重度有较大增加，且越靠近起夯面，增加幅度越大，最大达10.8%。

(3)孔隙比夯后明显下降，地表下0.2m，对8m厚和5m厚的填土试夯区减幅分别为21.6%和24.5%。

(4)夯后填土地基渗透性大大降低，渗透系数由夯前的$2.87 \times 10^{-5} \sim 2.9 \times 10^{-6}$ cm/s下降到7.46×10^{-7}cm/s。

(5)压缩性大大降低，如填土厚8m的试夯区，压缩系数由夯前的0.204 ~ 0.571MPa^{-1}降低到夯后的0.083 ~ 0.327MPa^{-1}，减幅为70.1% ~ 42.7%。压缩模量则由最上部的6.17MPa增加到19.48MPa，增长68.3%；下部(7 ~ 9m)也由2.94MPa增加到5.37MPa，增长45.3%。

在5m填土试夯区，压缩模量夯后上升到8.17 ~ 18.92MPa，增大幅度为29% ~ 54%。

地基土的上述物理力学性质均表现出自上而下影响逐渐减小的规律。

2)试夯区现场试验

(1)标准贯入试验(图2-5及图2-6)。标准贯入试验表明：

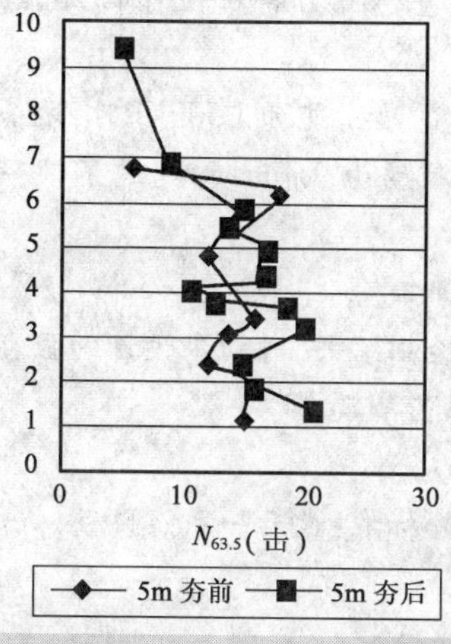

图2-5 标准贯入试验(一)

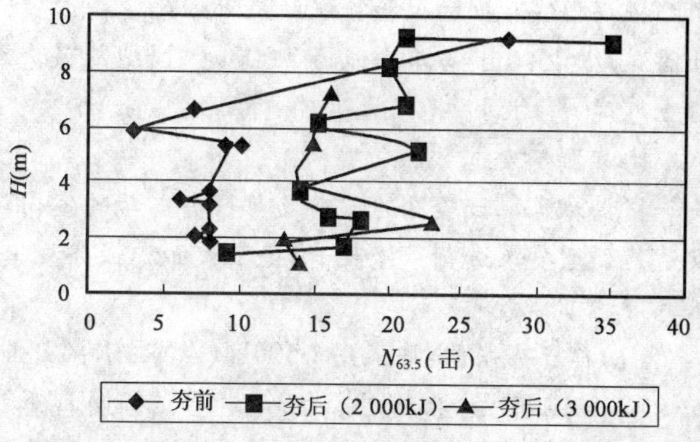

图2-6 标准贯入试验(二)

填土厚5m的试夯区，强夯后在地表下6m范围内，标贯击数比夯前均有所增加；填土厚8m的试夯区，强夯后在地表下9m范围内，标贯击数也均有所增加。两试夯区分别在6m和9m的深度范围内，标贯击数均超过了8击的设计要求，且对8m厚填土区，单击能2 000kJ和3 000kJ的两个试夯小区的标贯击数无显著差异，说明在填土厚8m的区段，采用2 000kJ的单击能量是可行的，可达到单击能为3 000kJ的强夯效果。

(2)孔隙水压力测试：6个孔隙水压测试钻孔分别布置在两试夯区南侧边缘。8m试夯区的3个测试孔的稳定地下水位为设计地面下5m，5m试夯区的3个测试孔的稳定地下水位为设计地面下4.5m。

孔隙水压测试结果说明：

①距夯点越近，受强夯影响越大，单击能为1 500kJ时，其平面影响范围大于4.5m。

②在垂直方向上,5m 填土试夯区在 1 500kJ 的单击能量下,强夯影响深度为 6.0m 左右;而 8m 填土试夯区,在 2 000kJ 的单击能下,强夯影响深度大于 7.0m。

③超孔隙水压消散较快,各观测孔压在强夯开始 4 ~24h 内,孔隙水压力达到最大值,夯后 1 ~3d,超孔隙水压已基本消散,因此大大加快了施工进程。

(3)荷载板试验:在试夯区和普夯区分别进行了一组 3 个点的荷载试验,其结果如图 2-7 所示。

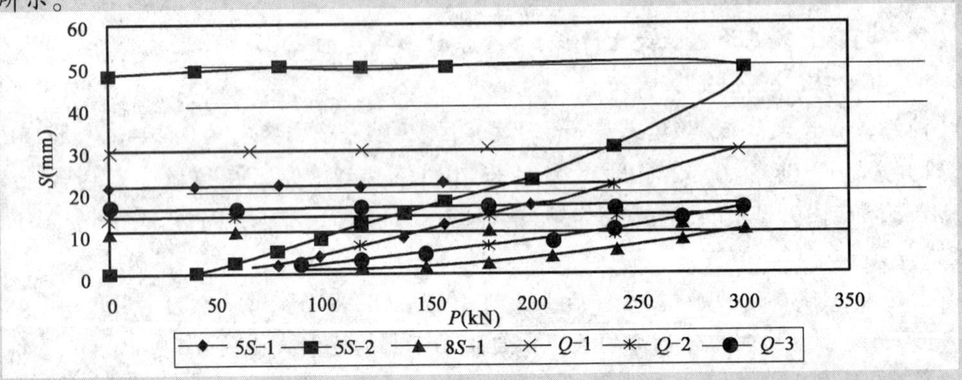

图 2-7　荷载板试验

荷载板试验结果及其他室内外试验资料,强夯后的地基承载力特征值可取 250kPa,远高于设计值 150kPa,完全可满足工程要求。

根据上述系列的试验检测结果可以确定:当现场施工的单击能为 1 500kJ 时,地基最大加固深度为 6.0m;当单击能为 2 000kJ 时,地基最大加固深度为 9.0m,均超过了试夯区的填土厚度,影响到原地基土 1.0m 的深度。

(四)强夯施工

根据对两个试验区的试夯及对试夯前后的室内试验检测结果,对初步设计的强夯参数及地基处理要求进行了修改,确定了大面积强夯施工的工艺参数。

1. 施工参数

(1)单点夯击能:均采用 1 500kJ,点夯 10 ~12 击,收锤标准:最后一击沉降 5 ~6mm。

(2)夯点布置:采用边长为 3m 的等边三角形布置。

(3)夯击 3 遍,最后一遍为满夯,其能级为 100kN ×10m。

(4)每遍时间间隔为 2d。

2. 强夯后要求

(1)地基密实度 $K \geqslant 90\%$(重型击实标准)。

(2)压缩模量 $E_s \geqslant 80$MPa。

(3)地基容许承载力 $[\sigma] = 150$kPa。

(4)标贯击数:近地表处 $N \geqslant 9$。

3. 强夯后测试

(1)强夯区 3 个标贯钻孔(填土厚分别为 8.0m、4.4m 和 5.1m),试验表明除个别填土层因填土含水率较高,标贯击数未达到 9 击外,其他均大于 9 击,平均为 12.3 击。

(2)密实度检测,采用灌砂法对强夯地表下 0.3m 的密实度进行了检测,28 个点的检测结果说明,压实度除少数点略低于 90% 外,一般为 93% 左右,最高达 97% 以上。

(3)荷载板试验，强夯区3个荷载板(面积为$0.5m^2$)试验表明，在300kN荷载下，地表沉降分别为29.47mm、13.62mm和15.49mm；当荷载为150kN时，3个试验的沉降与荷载板直径之比：$s/b=0.012\sim0.006$。因此，150kN的荷载时地基承载力特征值达到300kPa，远高于设计要求值。

上述检测结果说明，根据试夯调整确定的最终大面积强夯施工参数是合理的。

课题二 土层置换

加固原理：将基础底面以下不太深的处理范围内的软弱土层挖去，然后以质地坚硬、强度较高、性能稳定好、具有抗侵蚀性的砂、碎石、卵石、素土、灰土、矿渣等材料分层换填，同时用人工或机械方法进行压、夯、振动等密实处理。处理深度一般控制在3m以内，但不宜小于0.5m，如果垫层太薄，则换土垫层的作用不显著。

【工程实例2-3】 换填与压填片石处理软基。

(一)工程地质特点

某高速公路K126~K135段路线经过一山区，在山间谷地之中，间断分布着小块的软土地基，经过挖探和踏勘调查，发现软土具有以下特点：

(1)软土层厚较薄，一般为1~2m，最大深度3m，为山谷流水淤积而成，地表多为稻田，软土多为淤泥质土，呈软塑状。

(2)软土分布在山间谷地，底面多为一倾斜面，坡度一般为15°~35°，有的与路线走向一致，有的与路线斜交。

(3)软土路段地面水及地层中的毛细水系较为发育。

(二)施工处理方案

由于本路段路堤填土高度一般为1 020m，均为高路堤，故其稳定性成为一个严重的工程问题。经过认真分析研究，决定采取以下处理措施：

(1)设置排水沟或截水沟，排除地表水和毛细水的隐患。

(2)挖淤(图2-8)，挖淤深度等于淤泥深度减于0.5m。

(3)挖台阶，水平深度不小于2m，平缓路段根据实情决定是否开挖。

图2-8 挖淤

(4)压填片石，考虑到如全部换填，弃方量太大，弃方的场地难以解决。可以采用部分换填，部分采取压填片石的方法。片石一般长度30~40cm，用机械或人工压入淤泥中，外露约10~20m，利用挖台阶和压填片石措施提高地面摩擦力。本路段没有采用抛填片石，而是采用压填片石，考虑软土不是流塑状，而是呈软塑状，片石抛填较为困难，因此采用人工措施压入。

(5)换填砂砾反滤层50cm。

(6)其余部分为换填土。

(7)进行观测，本路段设置稳定观测设施，以保证路堤的稳定。

对于浅层的软弱土层，为提高其承载能力，减小沉降，常常将其不宜于作为地基的软弱土换成强度高、性能好的砂、石或其他材料。本例采用砂垫层法和挤淤置换法结合来处理浅层软弱地基。下面分别介绍这两种方法的设计和施工要点。

一、砂垫层法

(一)适用范围

换填砂(石)垫层法是最简单、最古老的软基处理方法，是浅层软土地基的处理方法之一。砂垫层法适用于填土高度小、软土层薄、埋深浅、无硬壳层、排水性好、砂源丰富、工期不紧的软土路基。

(二)设计要点(图2-9)

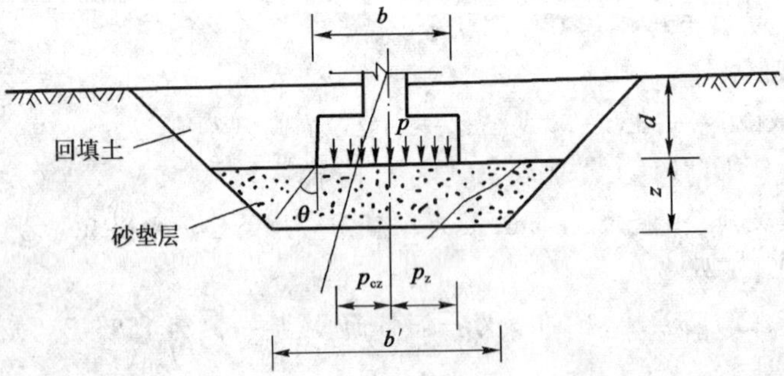

图2-9 垫层及应力分布

1.垫层厚度

砂垫层厚度一般为0.6~1.0m，不宜大于3m，具体厚度应根据下卧土层的承载力确定，并符合下式要求：

$$P_z + P_{cz} \leqslant f_z \tag{2-1}$$

式中：P_z——垫层底面处的附加压力；

P_{cz}——垫层底面处土的自重压力；

f_z——垫层底面处土层的地基承载力。

考虑平面为矩形的基础，垫层底面处的附加压力值 P_z 可按下式计算：

$$P_z = bl(P - P_c)/(b + 2z\tan\theta)(l + 2z\tan\theta) \tag{2-2}$$

式中：b——矩形基础底面的宽度；

l——矩形基础底面的长度；

P——基础底面压力；

P_c——基础底面处土的自重压力；

z——基础底面下垫层的厚度；

θ——垫层的压力扩散角，可按表2-3采用；当 $z/b < 0.25$ 时，仍按表中 $z/b = 0.25$ 取值。

压力扩散角 θ(°) 表2-3

换填材料 / z/b	中砂、粗砂、砾砂、圆砾、角砾、卵石、碎石	黏性土和粉土 ($8 < I_p < 14$)	灰土
0.25	20	6	30
>0.25	30	23	

2. 垫层宽度

砂垫层宽度一般应超出其上填土0.5～1.0m，应满足基础底面应力扩散的要求，可按下式计算或根据当地经验确定：

$$b' \geqslant b + 2z\tan\theta \tag{2-3}$$

式中：b'——垫层底面宽度。

垫层顶面每边宜超出基础底边不小于300mm，或从垫层底面两侧向上按当地开挖基坑经验的要求放坡。

3. 变形复核

对于重要的建筑或垫层下存在软弱下卧层的情况，还应进行变形复核。建筑物沉降由砂垫层自身变形和下卧层变形两部分构成：

$$S = S_s + S_u \tag{2-4}$$

式中：S_s——砂垫层自身变形值(mm)；

S_u——压缩层厚度范围内自砂垫层底面算起的各土层压缩变形之和(mm)。

(1)砂垫层自身变形在满足垫层底面尺寸规定后可仅考虑其压缩变形，并可按下式简化计算：

$$S_s = (P + aP)h_s/2E_s \tag{2-5}$$

式中：E_s——砂垫层压缩模量(kPa)，宜由荷载试验确定，当无试验资料时，可选用20～30MPa。

(2)砂垫层底面附加压力可按下式计算：

$$P_z = (aP + \gamma_s h_s) - \gamma_0 h \tag{2-6}$$

式中：h——天然地面至垫层底面距离(m)；

γ_s——h深度范围内天然土层的平均重度(kN/m^3)(地下水位以下扣除浮力)，有相邻基础影响时，应另加相邻基础传来的附加应力。

(3)下卧层变形可用分层总和法按下式计算：

$$S_u = \psi_s P_z \sum_{i=1}^{n} (b'\delta_i - b'\delta_{i-1})/E_{si} \tag{2-7}$$

式中：ψ_s——沉降计算经验系数，可按规范确定；

i——自垫层底面往下算的土层序数。

4. 抗震复核

采用砂垫层处理软土地基时，应尽量不要选用细砂、轻亚黏土做垫层材料。对选用粉煤灰作垫层时，应满足抗震要求。

(三)垫层材料

黏性土、砂类土、砾石、碎石、石渣、矿渣、灰土、二灰土和细砂掺砾石等，均可作为垫层材料，可根据各类建筑物具体情况选用，尽量就地取材。如果采取砂料作垫层，对有抗震设防要求的工程，尚需满足防震要求。

垫层材料选用的要求如下。

(1)砂石:应级配良好,不含植物残株、垃圾等杂质。当使用粉细砂时,应掺入25% ~30%的碎石或卵石,最大粒径不宜大于50mm。对湿陷性黄土地基,不得选用砂石等渗水材料。

(2)土石屑:其粒径 $d<2$mm 部分不得超过总重的40%,含粉量(即粒径 $d<0.075$mm)不得超过总重的9%,含泥量不得超过总重的3%。

(3)素土:土料中有机质含量不得超过5%,亦不得含有冻土或膨胀土。当含有碎石时,其粒径不宜大于50mm。用于湿陷性黄土地基的素土垫层土料中不得夹有砖、瓦和石块。

(4)灰土:体积配合比宜为2∶8或3∶7。土料宜用黏性土及塑性指数大于4的粉土,不得含有松软杂质,并应过筛,其颗粒不得大于15mm。灰土宜用新鲜消石灰,其颗粒不得大于5mm。

(5)工业废渣:包括高炉干渣和粉煤灰。高炉干渣包括分级干渣、混合干渣与原状干渣;粉煤灰包括湿排灰与调湿灰,但不应混入植物、生活垃圾和有机质等杂物。

(6)其他质地坚硬、性能稳定、透水性强、无侵蚀性的材料垫层,但必须进行现场试验证明其技术经济效果良好及施工措施完善。

(7)砂垫层应选用中砂或中砂以上的粗粒砂石,其含泥量不得超过3%。

(四)施工要点

(1)要求砂砾垫层无明显粗细粒料分离,最大粒径不宜大于5cm,且细料不宜过多。

(2)砂垫层宽度应宽出路基边脚0.5~1.0m,两侧墙以片石护砌或采用其他方式防护,以免砂料流失。

(3)砂石垫层底面宜铺设在同一高程上,如深度不同时,基底地基面应开挖成踏步或斜坡搭接,各分层搭接位置应错开0.5~1.0m距离,搭接处注意捣实,施工应按先深后浅的顺序进行。

(4)当采用置换法施工,地下水高于基坑底面时,需采取降水措施,注意边坡稳定,以防坍土混入砂石垫层。

(5)当地基表层具有一定厚度的硬壳层,其承载力较好,能支撑一般运输机械时,一般采用机械分堆摊铺法,即先堆成若干砂堆,然后用机械或人工方式摊平;其承载力不足时,一般采用顺序推进摊铺法。

(6)为将砂垫层压实到设计要求的密实度,压实方法常有振动法(包括平振、插振、夯实)、水撼法、碾压法等。平振每层铺筑厚度20~25cm,施工含水率15% ~20%。插振每层铺筑厚度为插入式振捣器的工作厚度,应饱水施工。平振、插振应严格控制材料的含泥量及细度模数。夯实法可采用重锤、小型打夯机或人工夯实,铺筑厚度根据实验确定,施工含水率应控制在8% ~12%。碾压法可采用光轮静碾、光轮振动压路机等,可根据下卧层承载力及土质确定,压实厚度应控制在30cm以内,含水率8% ~12%。

(7)若软土地基表面很软,如新沉积或新吹填不久的超软地基,首先要改善地基表面的持力条件,使其能支撑施工人员和轻型运输工具。工程上常采用如下措施:

①地基表面铺荆笆。荆芭搭接处用铅丝绑扎,以承受垫层等荷载引起的拉力,搭接长度取决于地基土的性质,一般搭接长度为2cm。当采用两层荆笆时,应将搭接处错开,错开距离以搭缝之间间距的一半为宜,荆笆搭接如图2-10所示。

②表面铺设塑料纺织网或尼龙纺织网,纺织网上再铺砂垫层,如图2-11所示。

③表面铺设土工合成材料,土工合成材料上再铺排水垫层,如图2-12所示。

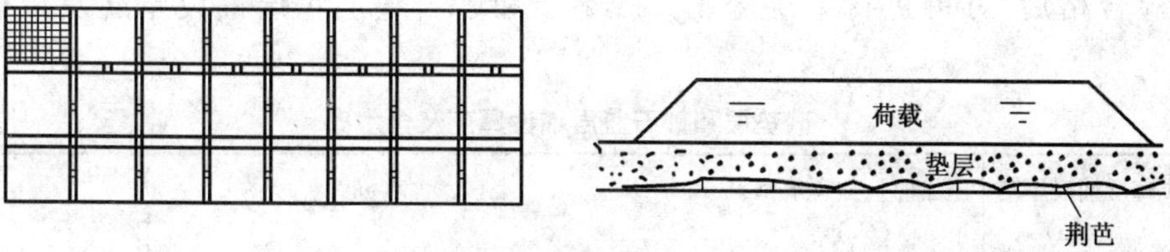

图 2-10　荆笆铺设示意图

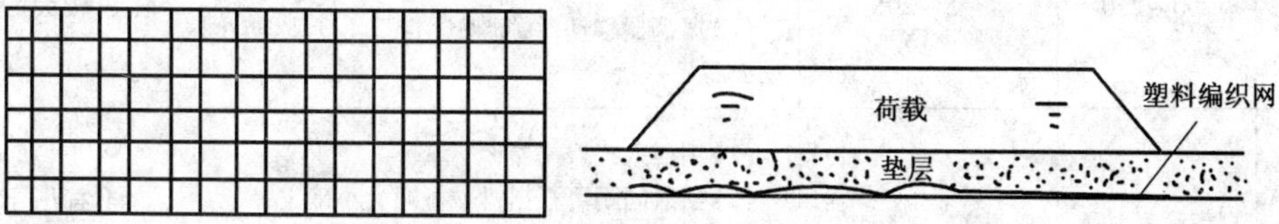

图 2-11　塑料纺织网铺设示意图

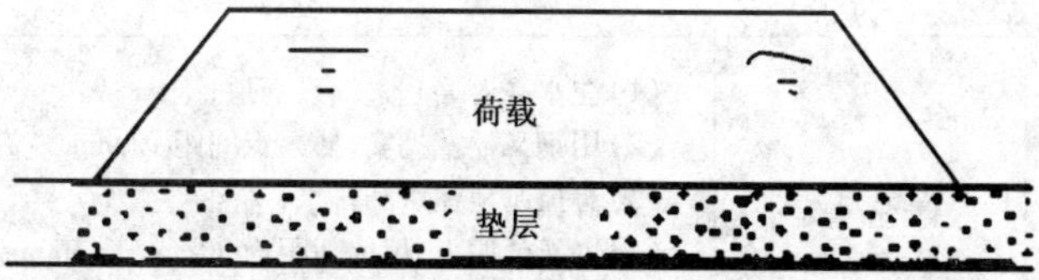

图 2-12　土工合成材料铺设示意图

以上为目前超软地基上施工常用的方法,它们可单一使用,也可混合使用,还可根据当地材料来源选择具有一定抗拉强度、断面小的材料。但应注意以下几点:

(1)饱水后材料要有足够的抗拉强度。

(2)当被加固地基处在边坡位置或将来有水平力作用时,由于材料腐烂而形成软弱夹层,给加固后地基的稳定性带来潜在影响。

(3)尽管对超软地基表面采取了加强措施,但持力条件仍然很差,一般轻型机械上不去时,通常采用人工或轻便机械顺序推进铺设。

(五)施工注意事项

(1)无论采用何种施工方法,在排水垫层的施工过程中都应避免各层的过大扰动,以免造成砂料和淤泥混合,影响垫层的排水效果。

(2)为确保路基稳定,砂砾石材料不宜过大。

(3)砂砾石垫层应分两层铺筑,分层压实。

(4)铺设砂砾石材料时,应从路基横向两侧向中间摊铺,厚度应均匀一致。

(5)砂砾石排水层不得受泥土等杂物的污染,插入塑料排水板时所带的泥土应即时清除。

(六)质量控制与检验

1. 质量控制

砂垫层施工一般采用分层振实法,压实机械宜采用 1.55 ~ 2.20kW 的平板振捣器。这种方法要求在基坑内分层铺砂,然后逐层振实。第一分层(底层)松砂铺设厚度宜为 150 ~ 200mm,应仔细夯实并防止扰动坑底原状土,其余分层铺设厚度可取 200 ~ 250mm。在下层密实度检验合格后，方可进行上层施工。砂垫层和砂石垫层每层铺设厚度及最佳含水率见表2-4。

砂垫层和砂石垫层铺设厚度及含水率　　表2-4

捣实方法	每层铺设厚度（mm）	施工时最佳含水率（%）	施工说明	备注
平振法	200～250	15～20	(1)用平板式振捣器往复振捣，往复次数以简易测定密实度合格为准； (2)振捣器移动时，每得应搭接1/3，以防止振动面积不搭接	不宜用于细砂或含泥量较大的砂铺筑砂垫层
插振法	振捣器插入深度	饱和	(1)用插入式振捣器； (2)插入间距可根据机械振幅大小确定； (3)不应插至下卧黏性土层； (4)插入振捣完毕所留的孔洞，应用砂填实； (5)有控制地注水和排水	不宜用于细砂或含泥量较大的砂铺筑砂垫层
水撼法	250	饱和	(1)注水高度略超过铺设面层； (2)用钢叉摇撼捣实，插入点间距100mm左右； (3)有控制地注水和排水； (4)钢叉分四齿，齿的间距为30mm，长300mm，木柄长900mm，重4kg	湿陷性黄土、膨胀土、细砂地基上不宜使用
夯实法	150～200	8～12	(1)用木夯或机械夯； (2)木夯质量为40kg，落距为400～500mm； (3)相邻两夯压面积应重叠一半，全面夯实	适用于砂石垫层
碾压法	150～350	8～12	6～10t压路机往复碾压，碾压次数以达到要求密实度为准	适用于大面积的砂石垫层，不宜用于地下水位以下的砂垫层

铺筑前，基坑两侧附近如有低于地基的孔洞、沟、井、墓穴等，应在未做地基前填堵并进行夯实。

分段施工时，接头处应做成斜坡，每层错开0.5～1.0m，并应充分捣实。对人工级配的砂石地基，应将砂石拌和均匀后再进行铺筑振实。

2. 质量检验

在工程进行中实行分段验收，一般以200m为一个验收段，验收中线、宽度、厚度、平整度等几何尺寸。质量检测方法有：

(1)环刀取样法：用容积不小于200cm^{3}的环刀压入垫层中取样、测定其下重度，以不小于砂料在中密状态时的干重度数值为合格。如中砂为16kN/m^3，粗砂为17 kN/m^3。取样点应位于每层2/3的深度处。

(2)钢筋贯入测定法：检查时应先将表面的砂刮去3cm左右，并用贯入仪、钢叉或钢筋等以贯入度的大小检查砂垫层的质量。钢筋贯入工具是用直径为20mm、长度为1.25m的平头钢筋，落距为700mm，自由下落，测其贯入度，检验点的间距应不少于4m。对砂石垫层可设置纯砂检验点，再按环刀法取样检验。垫层质量检验点，对大基坑每50～100m^{2}应不少于一个检验点；基槽每10～20m应不少于一个点；每个单独柱基应不少于一个点。

二、挤淤置换法

(一)适用范围

挤淤置换法是借助换填材料的自重或利用其他外力,如压载、振动、爆炸、强夯等,使软弱层遭受破坏后被强制挤出而进行的换填处理。采用这种施工方法,不用抽水、挖淤,施工简单,一般用于厚度小于3.0m、其软层位于水下、表层无硬壳、软土液性指数大、呈流动状态的泥沼及软土。

(二)常用方法

挤淤置换施工常采用抛石挤淤法、爆破挤淤法、压载挤淤法、振动挤淤法、卸载挤淤法等。一般来说,抛石挤淤法比较经济,它适用于石料丰富、运距较短、厚度不超过4.0m,且表层无硬壳、排水较困难的积水洼地中的具有触变性的流塑状饱和淤泥或泥炭土的处理。

抛石挤淤法按挤淤方式可分为整式压载挤淤和散式挤淤两种,见图2-13。

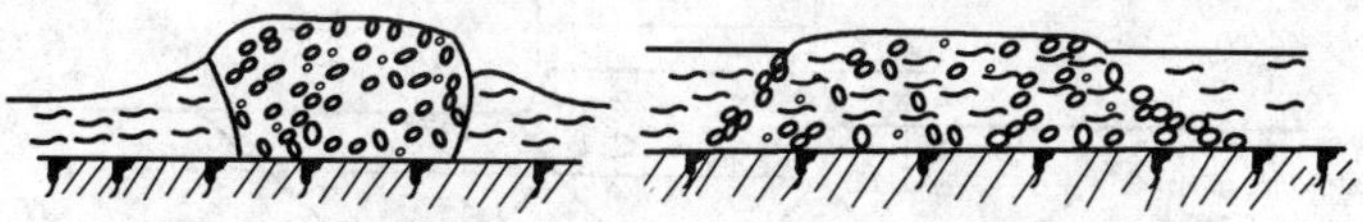

a)整式压载挤淤　　b)散式挤淤

图2-13　抛石挤淤法

整式压载挤淤由于填筑体一起沉入淤泥中,因此,除与淤泥的交接面外,填筑体内部不混有淤泥。整式压载挤淤的形式有接底式和悬浮式等,见图2-14。整式挤淤结构整体性好,且承载力高、又以接底式稳定性更好。在淤泥较薄的情况下,应尽可能使填筑体挤至层底硬土层面上。在沉降或差异沉降要求不高、上部荷载不大的情况下,可采用悬浮式结构。

对于四周呈封闭状的淤泥,经抛填、吸淤、碾压后,填筑体形成接底的较为稳定的置换地基,并有较高的承载能力和较小的变形性能。散式挤淤中抛填体必须下沉到硬土层上,石料层挤压成稳定的承重骨架,才能作为垫层使用。

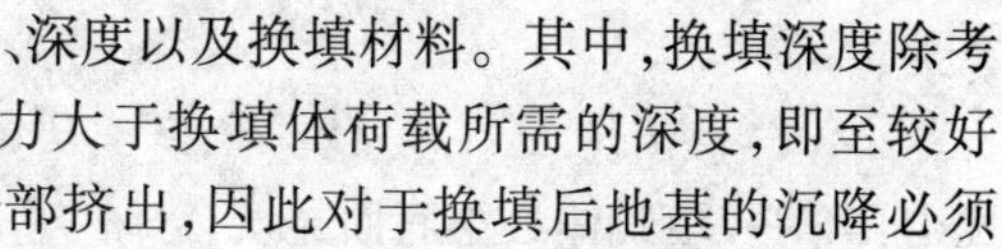

a)悬浮式整体挤淤　　b)接底式整体挤淤

图2-14　整式压载挤淤

(三)设计要点

挤淤置换施工时,可根据计算确定换填的宽度、深度以及换填材料。其中,换填深度除考虑沉降和滑移稳定以外,还应置换到使地基承载力大于换填体荷载所需的深度,即至较好的持力层。强制挤淤换填一般不可能把软弱层全部挤出,因此对于换填后地基的沉降必须考虑。

1. 填料下沉深度

1)散式挤淤

散式挤淤是靠抛填体自身的重量挤开淤泥下沉的(图2-15),单块抛填体只有沉底,才能形成稳定的骨架结构。除了淤泥的物理力学性能指标外,抛填体个体的重量是决定抛填体能否沉底的关键。散式挤淤中抛填体的相当块径不宜小于0.3m,同时块径还应满足式(2-8)的要求:

$$d \geqslant \frac{6m \times C_u}{\gamma_g - \gamma_s} \tag{2-8}$$

式中：d——抛填体的相当块径；

m——比例系数，可取0.75～0.80；

C_u——淤泥的不排水剪切强度；

γ_g——抛填体的重度；

γ_s——淤泥的重度。

图2-15　现场抛石挤淤

2）整式挤淤（见图2-16）

整式挤淤将填筑体挤入淤泥有填筑体中部突出先行挤入、两侧突出先行挤入和全断面同时挤入三种情况。理论分析和工程实践均认为以全断面同时挤淤效果最好，避免了两侧形成薄翼现象，又便于机械化施工。根据土体极限平衡理论，推出了填筑体下沉深度 D 和填筑体厚度 H 的关系，见式(2-9)和式(2-10)。

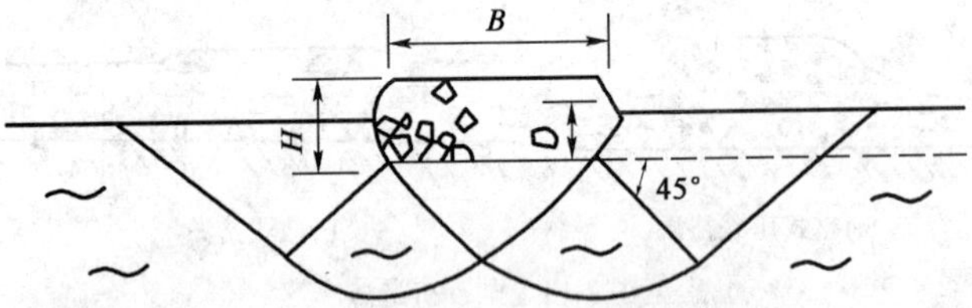

图2-16　整式压载挤淤计算假设示意图

$$H = \frac{(2+\pi)C_u + 2\gamma_s D}{\gamma_g} + \frac{(4C_u + 2\gamma_s D)D}{\gamma_g B} + \frac{2\gamma_s D^3}{3\gamma_g B^2} \quad \left(t > \frac{B}{\sqrt{2}+1}\right) \tag{2-9}$$

$$H = \frac{2\pi C_u + 2\gamma_s D}{\gamma_g} + \frac{(4C_u + 2\gamma_s D)D}{\gamma_g t(\sqrt{2}+1)} + \frac{2\gamma_s D^3}{3\gamma_g t(\sqrt{2}+1)^2} \quad \left(t \leqslant \frac{B}{\sqrt{2}+1}\right) \tag{2-10}$$

式中：B——填筑体的宽度；

t——淤泥的深度。

2. 整式压载挤淤填筑体宽度

整式挤淤的填筑体只有与淤泥达到一定的接触长度时，才能有足够的抗剪力维持悬浮于淤泥中的填筑体保持稳定。因此，悬浮式填筑体或填筑体施工期间，底宽应满足式(2-11)的要求。

$$B' \geqslant \gamma_s H^2 \tan^2(45° - \varphi/2) C_u \tag{2-11}$$

式中：B'——填筑体最小底面宽度；

φ——填筑料的内摩擦角。

整式挤淤填筑体的底面宽度还应满足上部建筑物基础的应力扩散要求：

$$B' \geqslant b + 2H\tan\theta \tag{2-12}$$

式中：b——建筑物基础底面宽度；

θ——压力扩散角，块石取35°。

整式挤淤填筑体顶部宽度除应满足底宽要求外，还应考虑淤泥固结沉降或位移时，置换地基边坡可能随之滑动而造成的破坏及卸荷开挖时局部失稳的安全宽度，见图2-17。

$$b' \geqslant H\tan(45° - \varphi/2) \tag{2-13}$$

此外，还应考虑施工机械进出等现场工作的宽度要求。

(四)挤淤材料

(1)抛石挤淤应采用不易风化的石料,片石大小随软土稠度而定。

(2)对于容易流动的泥炭或淤泥,片石宜稍小些,但不宜小于30cm,且小于30cm的粒料含量不得超过20%。

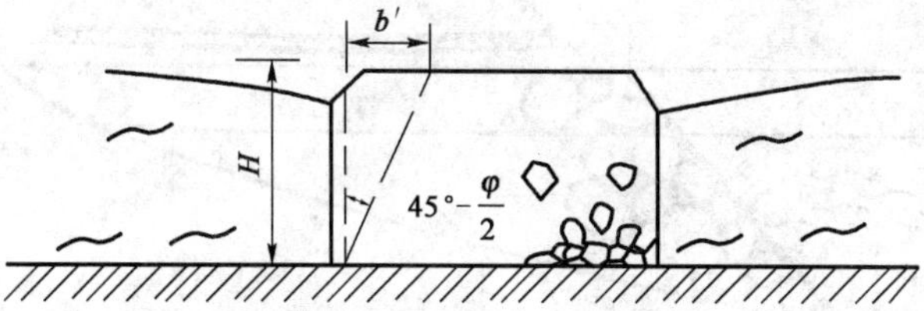

图2-17 填筑体顶部安全宽度

(五)施工要点

(1)测量要排除的软土(淤泥)深度、面积,计算排淤量,换算出抛石数量、密实程度,抛石顶部要高于或与淤泥层齐平,如图2-18所示。抛石层基脚宽度要大于路堤设计坡脚宽度。片石抛出水面后,应用较小石块填塞垫平,碾压密实,表面平整,顶部设置不透水层或隔离层,然后分层填筑路堤。

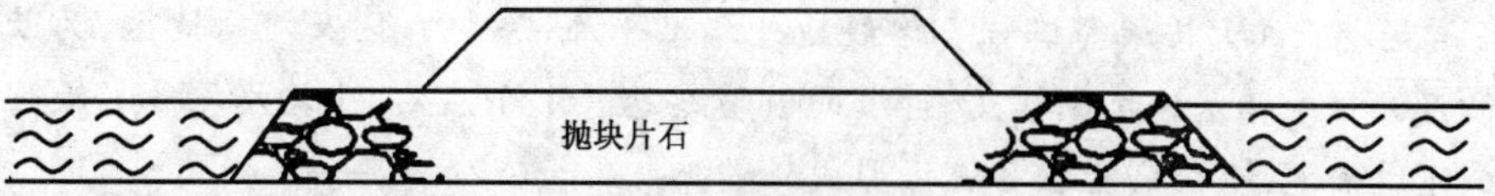

图2-18 抛石挤淤图

(2)抛石时,应自路堤中部开始,逐次向两旁展开,使淤泥向两旁挤出。在片石露出水面后,应利用较小石块填塞垫平,用重型机械碾压紧密,然后在其上铺设反滤层再进行填土。抛石层低于两侧淤泥高度时,路堤坡脚应设置块(片)石护坡,并在抛投片石顶部进行压实,整平后设0.1m厚砂砾层,如图2-19所示。

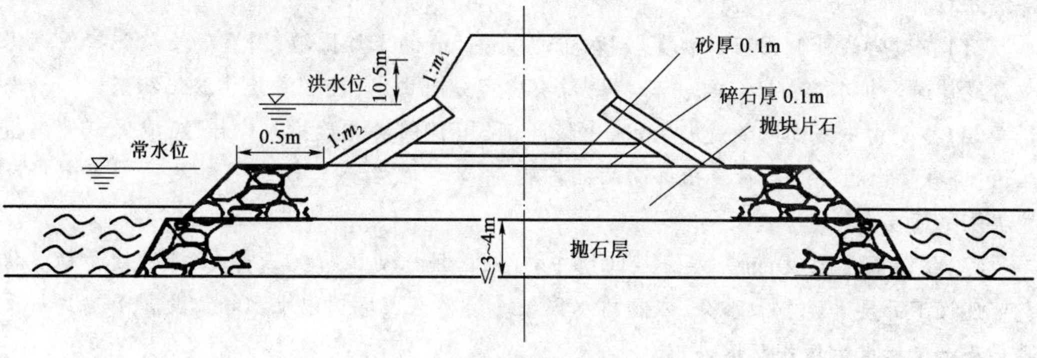

图2-19 加设片(块)石护坡抛石挤淤

(3)软土底横坡陡于1∶10时,应自高侧向低侧抛投,并在低侧适当高度范围内多抛一些,并使低侧边堆筑约有2m宽的平台顶面,以增加其稳定性,如图2-20所示。

(4)在厚度不超过3m、不排水剪切强度小于2kPa的稀软淤泥中,可通过散抛碎石的散式挤淤方式,依靠单块块体(块径不小于0.3m)的自重或再借助外力的振碾,使抛填体沉入到淤泥中,形成以块石为骨架、中间充满淤泥的复合地基。

(5)对于5.0m以上的深厚淤泥或泥炭土层，则必须辅以爆破或强夯等措施，才可使填筑体下沉到较硬的持力层。而对于10.0m以上的深厚淤泥或淤泥质土，即使采用强夯等措施，也很难使填筑体下沉到坚硬的持力层上。

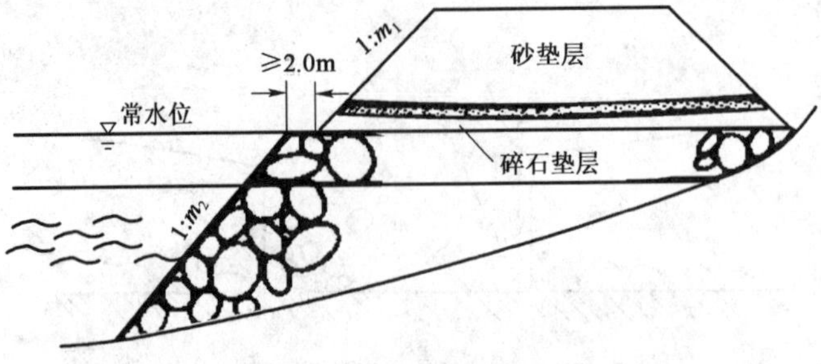

图2-20　陡坡抛石挤淤

(6)对于低路堤及等级高的公路，该方法不宜采用，因其空隙大，清淤不彻底，易夹软弱层。若此法配合预压，使软土能彻底挤出，则效果更好。

【工程实例2-4】　芜湖长江大桥接线沟塘填砂挤淤。

(一)工程概况

填砂挤淤工程位于合(肥)—芜(湖)高速公路K84+875~K100+766路段，全长15.9km，是芜湖长江大桥配套工程。路线地处江淮平原，穿越野区及河网地区，为长江下游冲湖积漫滩区。路基沟塘纵横交错，水面占路线总长1/4左右，平均水深3m，液化淤泥2m以上，下卧淤泥质软土，浸水易液化形成新淤泥夹层。

(二)施工方案

原设计要求围堰清淤，基底压实后分层回填素土。由于地下水位1m，渗透量大，无法排干塘内积水，同时因淤泥过深，机械设备无法在工作面内展开，现场施工只能采取清淤回填同步进行，在挖掘机臂长范围内清淤后，回填土形成工作平台向前推进。考虑到施工方案对清淤及回填质量均无法保证，结合长江下游丰富廉价的中粗砂资源，施工采取了填砂挤淤方式。

(1)在坡脚线外侧用推土机直接填筑顶宽3~5m的土体围堰，围堰顶兼做施工便道保障路线贯通。排水、清除水草，并保持塘底有少部分自由水，使淤泥处于液化状态。

(2)挤淤由中线向两侧进行，清除中线两侧3m范围淤泥后推入中粗砂，以保证侧向挤压力，填砂挤出的淤泥及时清出并向两侧扩展，挤淤完成后砂顶面应能满足重型推土机及挖掘机稳压要求。

(3)挤淤面以上30cm一层分层回填中粗砂，采用振动压路机压实，保持砂处于稍湿状态可吸收下卧层淤泥质土水分，以利排水固结。填砂至围堰顶以上50cm，设置干砌片石反滤层及土工格栅后填筑路堤。

(4)设置沉降观测板及位移边桩，控制填土速率，等载预压6~12个月。

(三)效果检测及结论

路堤填筑结束预压6个月后，平均月沉降量为7mm，并保持了与路基沉降同步。

预压后进行了塘底钻探取土和原位测试等土工试验，平均固结度已达到80%以上，淤泥质黏土层平均十字板剪切强度为29.4kPa。

接线工程土方运距平均25km，填砂单价低于土方单价5元/m^3，同时填砂挤淤减少了清淤量并加快了路某施工进度，为接线工程与长江大桥同步建成通车提供了有力保障。

置换法是一种处理软弱地基的物理方法，其原理简单、明晰，施工技术难度小，是浅层软基处理首选的方法之一。对于这类置换浅层软弱土层的方法，不仅可以采取上述的砂、石以及矿渣、粉煤灰等材料，还可以用泡沫聚苯乙烯(EPS)、多孔混凝土废料、轮胎土等轻型材料。由于施工土方量大、弃土多等因素，使处理费用增加、工期拖长，置换法的处理深度通常宜控制在3m以内，因此置换法广泛应用于浅层软基的处理中。

课题三　其他浅层处理方法

软弱地基处理的方法很多，在实际工程中常常要将几种处理方法结合起来使用。在前两个课题中，介绍了一些典型的浅层软基处理方法，这些方法通常还会结合其他的方法，更有效地来达到提高地基强度、巩固地基作用。下面介绍几种利于综合处理浅层软弱地基的其他方法。

一、反压法

反压法是一种传统的软土地基处理方法，很早就使用在堤坝两侧(或一侧)填土或堆石(称为反压平台)，以防止基土被挤出，保证堤坝的稳定。

使用反压法来处理地基，可以就地取材，施工简便，不需特殊材料，适用于对变形要求不高的道路工程、水利工程等。但是反压平台占地面积大，在农耕区、用地受限制地区不宜采用。这种方法除了可以稳定地基外，反压平台还可以起防浪防渗的作用，又常有可能在防汛期间利用堤背反压平台作为防护抢险的工作场地。

我国在软弱黏土地区进行了关于采用反压法来稳定地基的试验研究工作，为使用反压法处理软土地基提供了依据。如我国连云港利用抛石反压护坡处理地基，大大降低了工程造价；铁路和公路交通部门用反压法改善路堤的稳定性；另外还有港口护岸、平衡围堤等都积累了许多成功的经验。

在饱和软黏土地基上造堤时，起初在刚受到填土(或抛石)荷载作用时，饱和软土地基来不及固结，此时地基土的抗剪强度最小，地基破坏现象多出现在堤未建成或刚建成初期阶段，这是最不利的情况，因此反压平台的设计根据这一情况来进行，也就是设计时必须考虑使外加荷载在地基中产生的剪应力始终小于土的抗剪强度。一般路堤施工速度较快，而且路堤底部又不便设置透水层，因此设计时地基土抗剪强度采用快剪试验的结果。反压护道的适用范围，是非耕作区和取土不困难的软土地区，同时路堤的设计高度不大于5/3～2倍极限高度。

反压平台的设计是根据控制极限平衡区发展范围的原理来进行。虽然这个方法在理论上还不完善，但实际工程说明它与其他方法相比更符合实际，现也常采用圆弧滑动法进行计算。在路堤的两侧(或一侧)填筑适当高度(一般低于极限高度)与适当宽度的反压平台(护道)，在护道荷载的作用下，形成反向力矩来平衡路堤填土的滑动力矩，从而保证路堤的稳定。

反压法处理的基本原理是以反压土体重量改变地基的应力状态和变形条件，它可以压制地基因加荷的不均匀而出现的塑性挤出和地面隆起的趋势，还能使软土地基得到部分固结，从而提高了反压平台下面地基的强度，特别是对排水条件比较好的薄层软土，效果尤为显著。

反压平台的尺寸可参照当地经验选定，如无经验参考时，则可通过试算法假定多个反压平台尺寸 h 和 L，用圆弧滑动法找出路堤边坡最小安全系数，并使最小安全系数满足设计标准，也可根据在路堤自重作用下发生的极限平衡区和极限平衡发展的宽度 L'来确定，如图 2-21 所示。

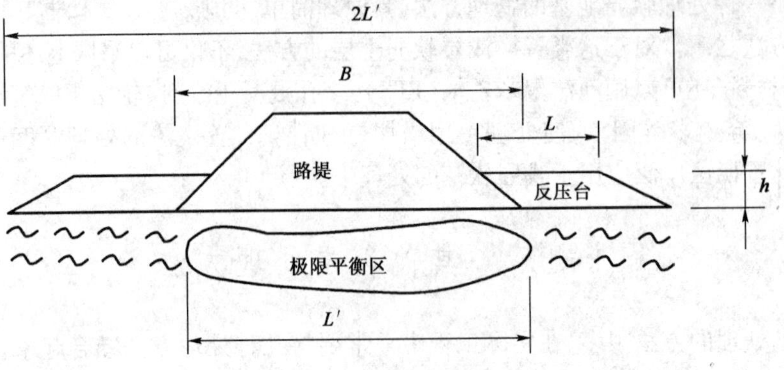

图 2-21　反压护道（平台）

为了利于地基受力平衡，反压护道通常在路堤两侧对称布置。当软土层较薄且下卧层有横向坡度时，可在路堤两侧采用不等宽的反压护道，在横坡下方（软土层较厚的一方）的护道应宽于横坡上方的护道。反压护道有单级、多级形式，这与软土分布范围有关，一般采用单级，但在软土分布范围较狭窄的地方也可采用多级形式。

反压护道的高度往往凭经验拟定。单级护道首先要保证稳定，故其高度必须低于极限高度，但也不宜太低，以免被滑弧所切穿，一般为路堤高度的 1/3 ~ 1/2，且不超过地基稳定性所要求的极限高度。反压护道的宽度应通过圆弧法或塑性区开展法进行稳定性验算，一般可采用(0.5 ~ 1)L，L 为路肩至坡趾的水平距离。采用反压护道后，路堤填土高度仍有限制，有文献指出不能超过极限高度的 3/2 ~ 5/3。

反压护道的实质是加宽荷重分布的宽度，减小水平方向的应力梯度。就这个意义来说，放缓边坡与反压护道的作用完全一致，但一般认为反压护道比放缓边坡经济。反压护道和缓坡路堤如图 2-22 所示。

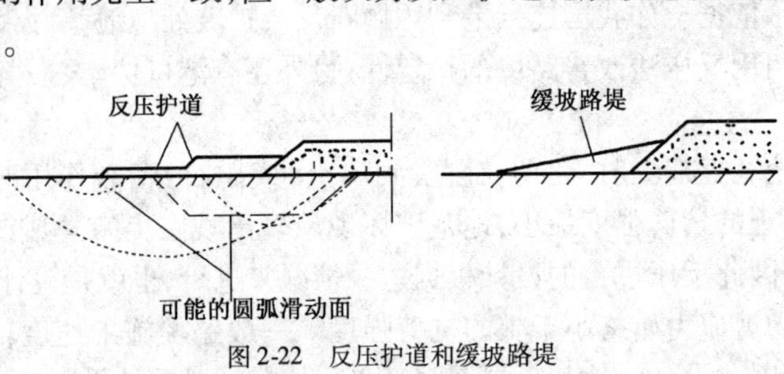

图 2-22　反压护道和缓坡路堤

一些工程经验表明，当反压平台的长度 L 不变时，厚度 h 增加到一定程度后，其安全系数的增加就不明显了。当 h 一定时，L 增加到某一尺寸后，安全系数也不会再提高多少。不同的地基土强度，反压平台的尺寸与堤、坝高度有不同的比例关系。

在软弱地基上修筑带反压平台的堤、坝时，为安全起见，要控制好加荷速率，即填筑路堤与反压平台应全宽度同时填筑上升，不得先筑路堤，后筑护道，以免引起路堤塌方，以保证堤坝的稳定性。当未能同时填筑时，也应在路堤填至极限高度前将反压护道填筑好，反压护道的压实度应达到重型击实标准的 90% 。当地基过分软弱时，有时地基在反压平台的重量作用下破坏，反压平台的高度也不应大于土的临界高度。所以在不得已情况下或堤身过高时，用一级反压平台不能满足要求，常常用多级反压法使地基稳定。

当软土层较薄且其下卧岩层面具有明显的横向坡度时，应采用两侧不同宽度的反压护道，横坡下方的护道应较横坡上坡的护道宽一些。同时应注意，即使采用了反压护道，当填筑接近于临界高度时，仍需严格控制填土速率，进行路堤监测。

二、预压及超载预压法

为提高软弱地基的承载力，减小构筑物建成后的沉降，提高地基牢固度，预先在拟建软土地基上施加一定的静荷载，使地基土压密称为预压。预压是最常用的软土地基处治方法，适用于容许工后沉降标准较低或路堤填土高度不大的一般路段。在工期较短，预压时间受到限制时，可采取超载预压的方法加快预压期的沉降量。

顶压期可根据要求的工后沉降量来确定，也可根据要求的固结度来确定，前者用于沉降起控制作用的地方，后者用于稳定起控制作用的地方。若沉降和稳定两者均为控制因素，则选用两者中较长的预压期。在预压期内地基应完成的沉降量不能小于路面设计使用年限末的沉降量与容许工后沉降之差，在必要时，预压期末地基的固结度还要满足地基稳定性的要求。

由于预压过程中地基的下沉，路堤的实际填筑高度要大于路堤的设计高度，实际路堤填土高度应等于路堤设计高度与预压期的沉降量之和。在实际设计过程中，要考虑路面结构材料与路堤填筑材料单位质量的不同而引起的差异。由于预压高度与需压期的沉降量是相联系的，所以预压高度的计算需采用试算法。超载预压高度受到路堤稳定性的制约，同时预压结束后的剩余土方的处理也会造成困难，通常宜结合竖向排水体进行超载预压。

这些方法的综合使用见图 2-23 ~ 图 2-25。

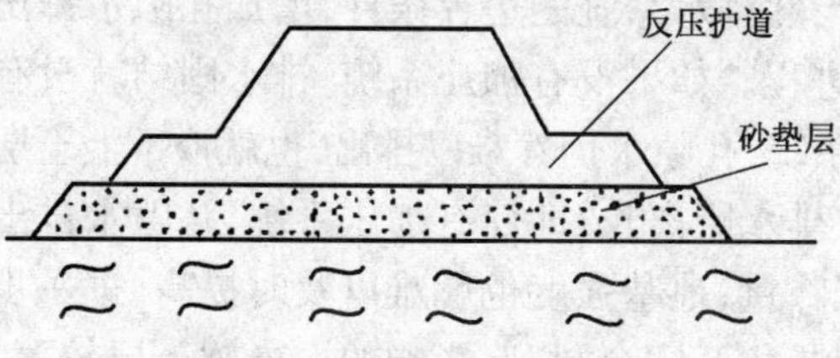

图 2-23　反压护道和砂垫层并用

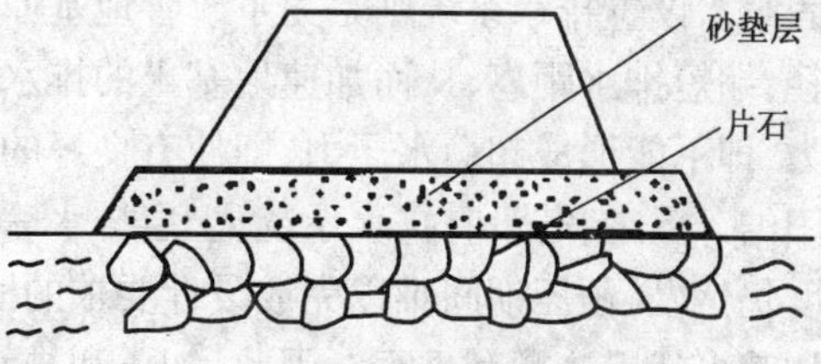

图 2-24　砂垫层和抛石挤淤并用

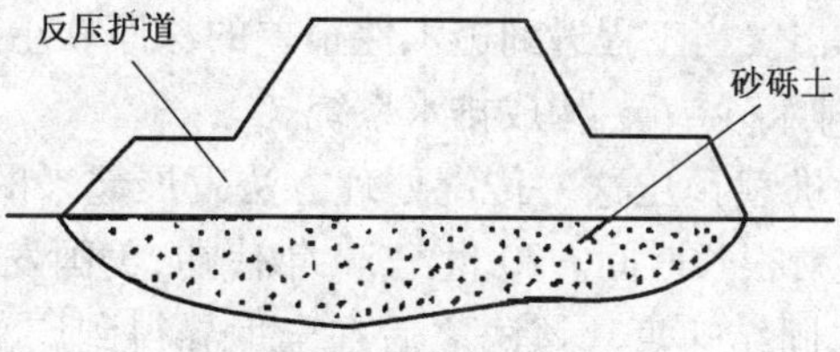

图 2-25　反压护道和换土并用

复习思考题

1. 简述表层夯实法处理浅层软弱地基的基本原理。
2. 简述采用砂垫层法进行软基处理的步骤。
3. 土基压实机具有哪些类型，为什么要用冲击式压路机进行浅层处理？
4. 简述挤淤置换法的适用范围和常用方法。
5. 反压法和预压法有什么区别？

单元三　排水固结法

我国沿海地区内陆湖泊以及河流谷地分布着大量软弱黏性土。这种土的特点是含水率大、压缩性高、强度低、透水性差、很多情况下埋藏较深。在软土地基上直接建造建筑物或进行填土时，地基将由于固结和剪切变形会产生很大的沉降和沉降差异，而且沉降的延续时间长，因此有可能影响建筑物的正常使用。另外。由于其强度低，地基承载力和稳定性往往不能满足工程要求而产生地基土破坏。所以这类软土地基通常需要采取加固处理，排水固结法就是处理软黏土地基的有效方法之一。

排水固结法是对天然地基，或先在地基设置砂井（袋装砂井或塑料排水带）等竖向排水体，然后利用建筑物本身重量分级逐渐加载，或在建筑物建造前在场地先行加载预压，使土体中的孔隙水排出，逐渐固结，同时强度逐渐提高的方法。该法常用于解决软黏土地基的沉降和稳定问题，可使地基的沉降在加载预压期间不致产生过大的沉降和沉降差。同时，可增加地基土的抗剪强度，从而提高地基的承载力和稳定性。

排水固结法由排水系统和加压系统两个主要部分组成。

加压系统，是为地基提供必要的固结压力而设置的，它使地基土层产生附加压力而发生排水固结。设置排水系统则是为了改善地基原有的天然排水系统的边界条件，增加孔隙水排出路径，缩短排水距离，从而加速地基土的排水固结进程。如果没有加压系统，排水固结就没有动力，即不能形成超静水压力，即使有良好的排水系统，孔隙水仍然难以排出，也就谈不上土层的固结。反之，若没有排水系统，土层排水途径少，排水距离长，即使有加压系统，孔隙水排出速度仍然慢，预压期间难以完成设计要求的固结沉降量，地基强度也就难以及时提高，进一步的加载也就无法顺利进行。因此，加压和排水系统是相互配合、相互影响的。当软土层较薄，或土的渗透性较好而施工期允许较长时，可仅在地面铺设一定厚度的砂垫层，然后加载，土层中水沿竖向流入砂垫层而排出。当工程遇到透水性很差的深厚软土层时，可在地基中设置砂井等竖向排水体，地面连接排水砂垫层，构成排水系统。

排水固结法是从简单的堆载预压这一传统处理方法发展起来的。由于细粒黏性土透水差，土层厚时，排水固结需耗费很长时间。20 世纪 30 年代初，美国发明了砂井预载预压法，从而大大加快了黏性土的排水固结速度。该法之后在全世界得到广泛应用。20 世纪 40 年代初，瑞典的齐鲁曼等人发明了纸板排水法。这种方法可用于在极软弱地基中设置竖向排水体。不仅排水体质量稳定，而且施工速度快、费用低，弥补了砂井排水的一些不足。1952 年，瑞典皇家地质学院的研究人员提出了真空预压法加固软弱地基技术。该法无需堆载，利用大气压力和空隙中负压加速排水固结，有一定的优越性。20 世纪 60 年代末，日本的研究者改进了普通砂井，开发出质量更容易保证、直径大大缩小、施工更加方便、快捷的袋装砂井排水。20 世纪 70 年代初期，日本又开发出渗透性良好、便于施工、质量更加稳定的塑料排水带，进一步完善和提高了竖向排水体施工技术。由此可以看出，排水固结的各种方法都是在改进加压和排水两个系统基础上发展起来的。

排水固结法可和其他地基处理方法结合起来使用,作为综合处理地基的手段。如天津新港曾进行了真空预压(使地基土强度提高),再设置碎石桩使形成复合地基,取得良好效果。又如美国跨越金山湾南端的 Dumbarton 桥东侧引道路堤场地,路堤下淤泥的抗剪强度小于 5kPa,其固时间将需要 30 ~40 年,为了支撑路堤和加速所预计的 2m 沉降量,采用如下方案:①采用土工聚合物以分布路堤荷载和减小不均匀沉降;②使用轻质填料以减轻荷载;③采用竖向排水体使固结时间缩短到 1 年以内;④设置土工聚合物滤网以防排水层发生污染等。

课题一　砂井与袋装砂井

一、砂 井 施 工

砂井施工要求:①保证砂井连续和密实,并且不出现颈缩现象;②尽量减少对周围土的扰动;③砂井的长度、直径和间距应满足设计要求。

砂井施工一般先在地基中成孔,再在孔内灌砂形成砂井。表 3-1 所示为砂井成孔和灌砂方法。选用时应尽量选用对周围土扰动小且施工效率高的方法。

砂井成孔和灌砂方法　　表 3-1

类　型	成孔方法		灌砂方法	
使用套管	管端封闭	冲击打入	用压缩空气	静力提拔套管
		振动打入	用饱和砂	振动提拔套管
		静力打入		静力提拔套管
	管端敞开		浸水自然下沉	静力提拔套管
不使用套管	旋转射水、冲击射水		用饱和砂	

砂井成孔的典型方法有套管法、射水法、螺旋钻成孔法和爆破法。

1. 套管法

该法是将带活瓣管尖或套用混凝土端靴的套管沉到预定深度,然后在管内灌砂、拔出套管形成砂井。根据沉管工艺的不同,又分为静压沉管法、锤击沉管法、锤击静压联合沉管法和振动沉管法等。

静压、锤击及联合沉管法提管时易将管内砂柱带起来,造成砂井缩颈或断开,影响排水效果,辅以气压法虽有一定效果,但工艺复杂。

采用振动沉管法,是以振动锤为动力,将套管沉到预定深度,灌砂后振动、提管形成砂井。该法能保证砂井连续,但其振动作用对土的扰动较大。此外,沉管法的一个公共缺点是:击土效应产生一定的涂抹作用,影响孔隙水排出。

2. 射水法

该法是通过专用喷头、依靠高压下的水射流成孔,成孔后经清孔、灌砂形成砂井。

射水成孔工艺,对土质较好且均匀的黏性土地基是较适用的,但对土质很软的淤泥,因成孔和灌砂过程中容易缩孔,很难保证砂井的直径和连续性,对夹有粉砂薄层的软土地基,若压力控制不严,宜在冲水成孔时出现串孔,对地基扰动较大。

射水成孔的设备比较简单,对土的扰动较小,但在泥浆排放、塌孔、缩颈、串孔、灌砂等方面都存在一定的问题。

3. 螺旋钻成孔法

该法以螺旋钻具干钻成孔，然后在孔内灌砂形成砂井。此法适用于陆上工程，砂井长度在10m以内，土质较好，不会出现缩颈和塌孔现象的软弱地基。该法所用设备简单而机动，成孔比较规整，但灌砂质量较难掌握，对很软弱的地基也不适用。

4. 爆破法

此法是先用直径73mm的螺纹钻钻成一个砂井所要求设计深度的孔，在孔中放置由传爆线和炸药组成的条药包，爆破后将孔扩大，然后往孔内灌砂形成砂井。这种方法施工简易，不需要复杂的机具，适用于深为6~7m的浅砂井。以上各种成孔方法，必须保证砂井的施工质量，以防缩颈、断颈或错位现象。

制作砂井的砂宜用中砂，砂的粒径必须能保证砂井具有良好的渗水性。砂井粒度要不被黏土颗粒堵塞。砂应是洁净的，不应有草根等杂物，其含泥量不应超过3%。

对所用的砂，国外要求作粒径分析。粒径级配曲线与反滤层所要求的砂料应基本相同。为了最大限度地发挥砂井的排水过滤作用，太沙基认为，砂的d_{15}（小于某粒径的含量占砂总重15%的粒径）应不小于压密层土d_{15}的4倍和不大于压密层土d_{85}（小于某粒径含量的85%的粒径）的4倍，即$4d_{15}$（土）$\leqslant d_{15}$（砂）$\leqslant 4d_{85}$（土）。

砂井的灌砂量，应按砂在中密状态时的干重度和井管外径所形成的体积计算，其实际灌砂量按质量要求控制，不得小于计算值的95%。

为了避免出现砂井断颈或缩颈现象，可用灌砂的密实度来控制灌砂量。灌砂时可适当灌水，以利密实。

砂井位置的允许偏差为该井的直径，垂直度的允许偏差为1.5%。

袋装砂井是普通砂井的改良和发展。普通砂井已有50余年的使用历史，而袋装砂井在20世纪60年代末期才开始使用，目前国外已广泛使用，国内也在广泛使用。

普通砂井是常用的施工方法，其缺点是：套管成孔法在打设套管时必将扰动其周围土，使透水性减弱（即涂抹作用）；射水成孔法对含水率高的软土地基施工质量难以保证，砂井中容易混入较多的泥沙；螺旋钻成孔法在含水率高的软土地中也难做到孔壁直立，施工过程中需要排除废土，而处理废土需要人力、场地和时间，因此它的适用范围也受到一定的限制。应当指出，对含水率很高的软土，应用砂井容易产生缩颈、断颈或错位现象。

普通砂井即使在施工时能形成完整的砂井，但当地面荷载较大时，软土层便产生侧向变形，也可能是砂井错位。

二、袋装砂井施工

袋装砂井是用具有一定伸缩性和抗拉强度很高的聚丙烯或聚乙烯编制袋装满砂子，其基本上解决了大直径砂井所存在的问题，使砂井的设计和施工更加科学化，保证砂井的连续性；打设设备实现了轻型化，比较适应在软土地基上施工；用砂量大为减少；施工速度快、工程造价低，是一种比较理想的竖向排水体，如图3-1所示。

1. 施工机具

袋装砂井直径一般为70~120mm。为了提高施工效率，减轻设备重量，国内外均开发了专用于袋装砂井施工的专用设备，其基本形式为导管式振动打设机，但在移位方式上则各有差异。国内几种典型设备有履带臂架式、步履臂驾式、轨道门架式、吊机导架式等，其性能如表3-2所示。

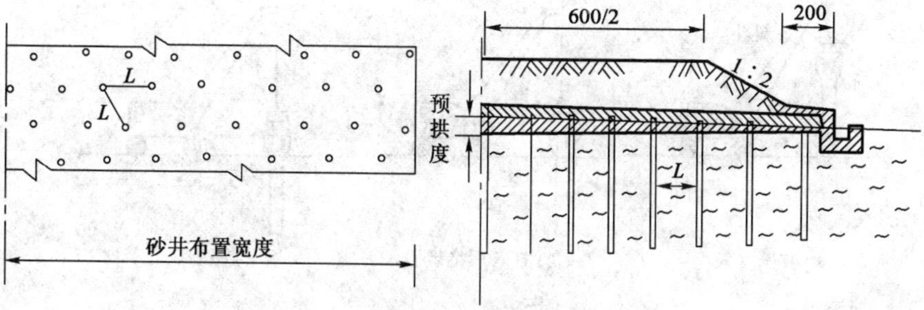

图 3-1　袋装砂井示意图(尺寸单位:cm)

打设机械性能表

表 3-2

打设机械型号	进行方式	打设动力	整机质量(t)	接地面积(m^2)	接地压力(kN/m^2)	打设深度(m)	打设效率(m/台班)
SSD20	履带	振动锤	34.5	35.0	10	20	1 500
UB-16	步履	振动锤	15	3.0	50	10～15	1 000
—	门架轨道	振动锤	18	8.0	23	10～15	1 000
—	履带吊机	振动锤			>100	12	1 000

由于袋装砂井直径小、间距小,所以加固同样面积的土所需打设袋装砂井的根数要比普通砂井的根数多。如直径 70mm 袋装砂井按 1.2m 正方形布置,则每 1.44m^2 需打设一根,而直径 0.4m 的普通砂井,按 1.6m 正方形布置,每 2.56m^2 需打设一根,所以前者打设的根数是后者的 1.8 倍。国内某些单位对普通砂井和袋装砂井作了经济比较,在同一工程中,加固每平方米地基的袋装砂井费用是普通砂井的 50% 左右。

2. 砂袋材料的选择

砂袋材料必须具有透水、透气、足够的强度、韧性和柔性,并且在水中能起耐腐蚀和滤网作用。

3. 袋装砂井直径、长度和间距选择

袋装砂井的直径一般采用 70～120mm,间距 1.5～2.0m,井径比为 15～25。

灌入砂袋的砂宜用干砂,并应灌制密实。砂袋长度应较砂井孔长度长 50cm,使其放入井孔内后能露出地面,以便埋入排水砂垫层中。

袋装砂井施工时,所用钢管的内径宜略大于砂井直径,以减小施工过程中对地基土的扰动。另外,拔管后带上砂袋的长度不宜超过 500mm。

4. 袋装沙井施工步骤(图 3-2)

(1)机械就位。打桩机械沿路线方向自外向内施打,机械就位后,套管应对准桩位,缓慢放下。套管底端应有可开闭底盖或有预制桩尖。

(2)施打或沉入套管。井孔定位后,沉入或施打到土基内,直至设计深度。施打时,开动振动锤后应缓慢进行,并随时检查套管的垂直度。

(3)穿入砂袋。扎好砂袋下口后(袋长比井深约长 1.0m),在其下端放入 20cm 左右的砂,作为压重,将袋子放入套管中沉入到要求的深度。

(4)就地灌砂。将袋口固定在装砂用的漏斗上,灌入砂。灌砂时应边落砂边向砂袋内注水,并振动以利灌砂顺畅密实,直至砂溢出砂袋。

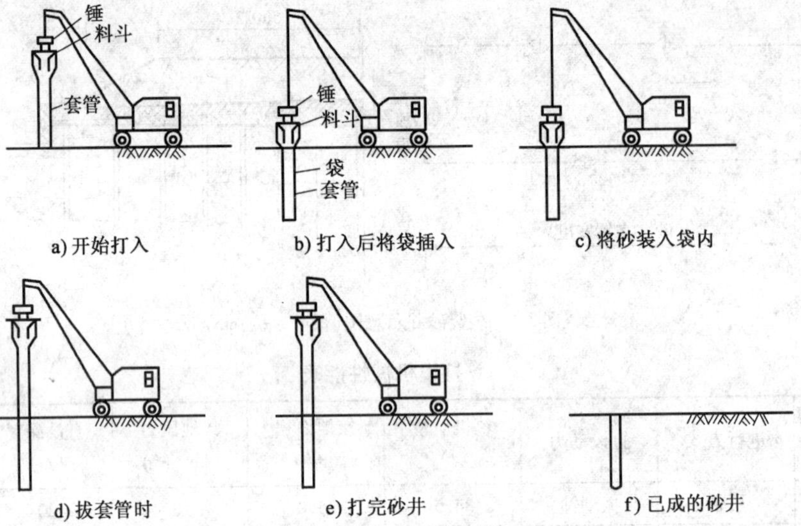

图 3-2　袋装砂井施工步骤

(5)检查砂袋中砂的饱满程度，当发现不足时，应继续二次灌砂，直至砂满为止。然后把压缩空气送进套管，一边缓慢提升套管，直至拔出。

(6)用铁锹将露出的砂袋桩头埋入砂垫层中。

(7)也可用预制砂袋沉放，先在袋内装满砂料，扎好上口，成为预制砂袋，运往现场，弯成圆形，成圈堆放，成孔后将砂袋立即放入孔内(图 3-3)。

图 3-3　袋装砂井施工

【工程实例 3-1】

(一)工程概况

宁连一级公路连云港段全长 52.0km，路基宽 24.5m，双向四车道，除桥头引道外，平均填土高度为 2.5～3.0m。

本工程分三个施工段落，即南城至宋跳段，长 11.7km，南城至马抒段，长 38.58km，以及新沂河大桥段，长 2.93km。软土段集中在前两段，其中又以南宋段的地基最差，采用挤密砂桩、砂垫层和填土预压的综合方法。

本路段位于江苏北部黄海之滨的海积、冲积平原地区。路线所通过的软基地段，地下水位高，软土层分布长，厚度大，物理力学指标差。软土天然含水率高，为 43.2%～74.5%；天然孔隙比较大，为 1.03～2.1；压缩性大，其压缩系数一般均大于 $0.5MPa^{-1}$，最大的为 $2.61MPa^{-1}$；渗透性差，承载力极低等。

(二)南宋段砂桩施工工艺

(1)平整清理场地，绘制好桩位平面图，按顺序编号。

(2)填筑三角垫层，用全站仪按大地坐标实地放样，用木桩或竹签定出每根砂桩的具体位置。

(3)埋设沉降标。

(4)南宋段砂桩直径为0.42m，长度控制为打设进入淤泥层并穿透，放在强度较高的持力层上(约11m左右)，以确保砂桩的施工质量，提高承载力。

(5)采用振动沉管打桩机和其他辅助设备，振动沉拔桩锤功率为42kW以上。桩管直径上部为37.7cm，下部(1~2m范围)为41.0cm。进料口根据桩长可增设一个，如8.0m砂桩在4.0m处增设一个，桩尖采用活动四瓣式。砂采用中、粗砂，标准应满足设计要求。

(6)主要工艺及注意事项：

①用振动沉拔锤将桩管打至处理地基的设计深度，并进入持力层50m为止。进入持力层的标志，以在振动锤激振力作用下，桩管下沉速度小于20cm/min，或电流表值是否超过55A为准。

②向桩管内投砂时，应边投边灌水，使其达到饱和状态。

③提升管前留振1min后，边开振动锤边均匀缓慢提升桩管，提升速度一般控制在1.0m/min，且每升1.0m，留振0.5m，等拔管到一半左右，再边振动边继续投砂灌水，直至将桩管提升到孔口。

④考虑到淤泥受到已施工群桩侧向挤压作用，使得相邻未施工地基产生应力集中，破坏原地基应力动态平衡，造成一段时间的塑变过程。为避免因移位而造成的塌孔、缩颈现象，桩位施工顺序应隔行隔列跳着施工。

⑤灌砂量是砂桩施工的主要控制指标，可通过试桩和试验综合分析考虑，该工程松散系数为1.28~1.30，据此计算出每米投料量及设计桩长总投料量。

⑥拔出桩管后提带的淤泥应及时清理，以免影响排水效果。

⑦人工干砌护脚，开挖临时排水沟，回填50cm砂垫层。

(三)砂桩密实度检测

密实度检测可在成桩后一个月进行，采用标准贯入试验的方法进行。

标贯试验检测仪器由适当的钻机和标贯器组成，其中锤重63.5kg，自由落距76cm，钻杆直径42cm，检测按贯入度30cm的锤击数为准。

检测依据国标《岩土工程勘察规范》(GB 50021—94)及《建筑地基处理技术规范》(JGJ 179—91)。其标准为：

①0~3.0m每贯入30cm的$N_{63.5}$锤击数不小于7。

②3.0~7.5m每贯入30cm的$N_{63.5}$锤击数不小于15。

③7.5m以下每贯入30cm的$N_{63.5}$锤击数不小于18。

课题二　塑料排水带

塑料排水带的施工方法和原理与袋装砂井基本相同。塑料排水带是用专门插板机将其插入地基中，然后在地基表面加载预压(或采用真空预压)，土中水沿塑料带的通道溢出，从而使地基土得到加固,如图 3-4 所示。

图 3-4　塑料排水带现场施工

塑料排水带是由纸板排水发展和演变而来的。塑料排水带弥补了纸板排水在饱水强度、耐久性和透水性等方面的不足。其特点是单孔过水断面大、排水通畅、质量轻、强度高、耐久性好,是一种较理想的竖向排水体。它由芯板和滤膜组成。芯板是由聚丙烯和聚乙烯塑料加工而成的两面有间隔沟槽的板体。土层中的固结渗流水通过滤膜渗入到滤槽内,并通过沟槽从排水垫层中排出。根据塑料排水带的结构,要求滤膜渗透性好,与黏土接触后其渗透系数不低于中粗砂,排水沟槽输水畅通。此外,塑料带排水沟槽面部因受土压力作用而减小,因此在选用时,应着重于带芯材料、滤膜质量、塑料带的结构等因素综合考虑。

塑料排水带设计时,将塑料排水带换算成相应直径的砂井,根据两种排水体与周围土接触面积相等原理,换算直径 D_p 为:

$$D_p = \alpha \frac{2(b+\delta)}{\pi} \tag{3-1}$$

式中:b——塑料带宽度(mm);

δ——塑料带厚度(mm);

α——换算系数,考虑到塑料带截面并非圆形,其渗透系数和砂井也有所不同而采取的换算系数,可取 $\alpha = 0.75 \sim 1.0$。

【工程实例 3-2】

(一)工程概况

沪杭高速公路第六合同段所经区域为抗嘉湖平原,地质情况比较复杂。该地区 50m 以浅地层自上更新纪以来,经受 3 次海浸并相应沉积了三层海相软土层,表面为冲积—海积亚黏土层。第一软土层埋藏浅,厚度在 1 ~ 8m;第二软土层为巨厚层,厚度在 10 ~ 20m 之间,属淤质软土。根据设计文件,该工程需打设塑料排水板 79 333 根,总计长达 902 436.1m,其间距和打设深度由钻探地质资料而定。间距有 1.5m 和 2m 两种。呈梅花形布置,深度 8.0 ~ 20.0m 不等。

为保证按时完成任务,共投入 6 台机组进行施工。第六合同段长 19.905km,其中 7.1km需打设塑料排水板。从 1995 年 8 月开始,至 1996 年 1 月完成。

(二)材料技术指标

在塑料排水板进入施工现场后,都取样并委托浙江水电科研所做试验检测,各项指标均应符合技术要求,否则一律清退出场,从而保证了处理软基的效果。

(三)排水水板施工技术要求及技术措施

通过该工程的施工实践,总结和制订了以下几项具体的技术要求和技术措施,较大幅度地提高了塑料排水板的打设施工质量。

(1)在打设的施工机具上刻有明显的进尺标志,以控制塑料板的打设深度,并经监理现场检测认可。

(2)塑板外套滤膜应保证完整无损,进入现场前由专人负责检查,发现滤膜有破损处,应采用相应的措施进行弥补。

(3)打设前应先了解地下有无障碍物,如电缆等,然后平整场地,按设计要求铺设一定厚度的砂砾垫层。

(4)工艺流程见图3-5。

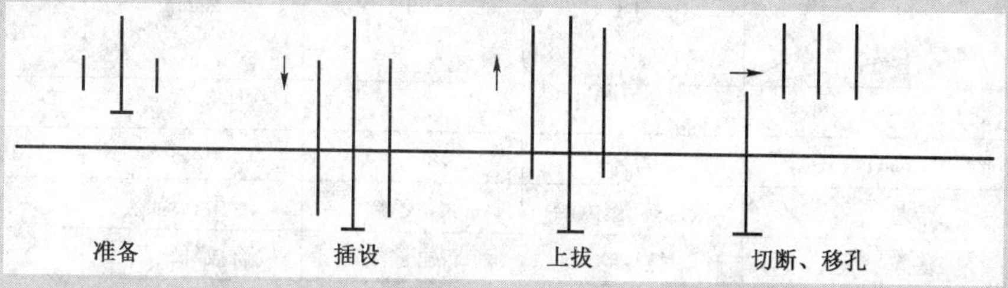

图3-5　工艺流程

(5)打设过程中,当塑料板所定的进尺长度不够时,不允许使用搭接法延续长度,以保证塑料排水板打设后的排水性能。

(6)施工前测量并绘制点位图确定塑料板的打设位置,并留有明显的标记。打设机上设置人工操作控制的机械平衡装置,保证打设机械的平衡度和垂直度。

(7)打设后外露出施工面30cm的塑料板不能切断,将其埋在砂垫层中。打设施工完成后,应尽快进入下道移孔工序,不宜过多地延长时间。

设置塑料排水带后,解决了软基问题,使施工能够如期进行。

采用塑料排水带能有效地解决含水率高的软弱地基,塑料带排水井和砂井的设计,其不同点在于井径比 n 值不一样,一般砂井排水 $n=6\sim8$,而塑料排水带排水 $n\geqslant20$。由于两者 n 值相差很大,所以一般的砂井排水法设计计算图表对塑料排水带的设计往往不适用,需用公式单独计算。

一、塑料排水带材料

塑料排水带由于所用材料不同,根据结构形式可归纳为两大类,即多孔质单一结构型和复合结构型。

(一)多孔质单一结构型

这种排水材料是用聚氯乙烯经特殊加工而制成的。从电子显微镜照片中可以看出,它具有很好的多孔性,素材本身形成连通的孔隙,透水性好。与其他复合型结构制品具有共同的优点,耐酸及耐碱性极好,在土中不会产生膨胀及变质,具有半永久性的排水效果。这种材料的孔眼在地基中基本也不会被堵塞,是一种很合适的排水材料。这种排水方法简称为PVC排水法。

(二)复合结构型

这是一种由塑料芯带外套透水挡泥滤膜所组成的复合型制品。这种制品的芯带材料采用特殊的硬质聚乙烯和聚丙烯,并加工成回头形、十字形或中波形等形式,使之具有纵向通水能力。透水挡泥的滤膜,由涤纶类或丙烯类合成纤维制成,透水性好,其渗透阻力可忽略不计。

二、塑料排水带性能

各种塑料排水带性能见表3-3。

排水塑料带性能　　表3-3

项目 \ 指标 \ 类型			TJ-1	SPB-1	Mebra	日本
断面结构						
外形尺寸(mm)			100×4	100×4	100×3.5	100×1.6
材料	带芯		聚乙烯、聚丙烯	聚氯乙烯	聚乙烯	聚乙烯
材料	滤膜		纯涤纶	混合涤纶	合成纤维质	
纵向沟槽数			38	38	38	10
沟槽面积(mm)			152	152	207	112
带芯	抗拉强度(N/cm)		210	170		270
带芯	180°弯曲		不脆不断	不脆不断		
带芯	扁平压缩变形					
带芯	滤膜重(N/m^2)		0.65(含胶40%)	0.5		
滤膜	抗拉强度(N/cm)	干	>30	经42,纬27.2	107	
滤膜	抗拉强度(N/cm)	饱和	25~30	经22.7,纬14.5		
滤膜	耐破度(N/cm)	干	87.7	52.5		
滤膜	耐破度(N/cm)	饱和	71.7	51.0		
滤膜	撕裂度(N)	干		1.34		
滤膜	撕裂度(N)	饱和				
滤膜	顶破强度(N)		103			
滤膜	渗透系数(cm/s)		1×10^{-2}	4.2×10^{-4}		1.2×10^{-2}

选择塑料排水带时,应使其具有良好的透水性和强度,塑料带的纵向通水量不小于$15\times10^3 \sim 40\times10^3 mm^3/s$,滤膜的渗透系数不小于$5\times10^{-3}mm/s$,芯带的抗拉强度不小于10~15N/mm,滤膜的抗拉强度,干态时不小于1.5~3N/mm,湿态时不小于1.0~2.5N/mm(插入土中较短时用小值,较长时用大值)。整个排水带应反复对折五次不断裂才认为合格。

三、塑料排水带施工

塑料排水带打设顺序包括:定位;将塑料带通过导管从管靴穿出;将塑料带与桩尖连接贴近管靴并对准桩位;插入塑料带;拔管剪断塑料带等。

在施工中尚应注意以下几点:

(1)塑料带滤水膜在转盘和打设过程中应避免损坏,防止淤泥进入带芯,堵塞输水孔,影响塑料带的排水效果。

(2)塑料带与桩尖连接要牢固,避免拔管时脱开,将塑料带拔出。

(3)桩尖平端与导管靴配合适当,避免错缝,防止淤泥在打设过程中进入导管。增大对塑料带的阻力,甚至将塑料带拔出。

(4)塑料带需接长时，为减小带与导管阻力，应采用滤水膜内平搭接的连接方法，为保证输水畅通并有足够的搭接强度，搭接长度需在200mm以上。

课题三　其他排水固结法

一、施加预压荷载

产生固结压力的荷载一般可分为三类：一是利用建筑物自重加压；二是外加预压荷载；三是通过减小地基土的孔隙水压力而增加固结压力。

（一）利用建筑物自重加压

利用建筑物自重对地基加压是一种经济而有效的方法。此法一般应用于以地基的稳定性为控制条件，能适应较大变形的建筑物，如路堤、土坝、储矿场、油罐、水池等。特别是对油罐和水池等建筑物，先进行充水加压，可检验罐壁本身有无渗透现象，同时，还利用分级逐渐充水预压，使地基土强度得以提高，满足稳定性要求。对路堤、土坝等建筑物，由于填土高、荷载大，地基的强度不能满足快速填筑的要求，工程上都采用严格控制加荷速率、逐层填筑的方法以确保地基的稳定性。

（二）堆载预压

堆载预压的材料一般以散料为主，如土、石料、砂、砖等。大面积施工时通常采用自卸汽车与推土机联合作业。对超软地基的堆载预压，第一级荷载宜用轻型机械或人工作业。堆载预压工艺简单，但处理不当，特别是加荷速率控制不好时，容易导致工程施工的失败。因此，施工时应注意以下几点：

(1)必须严格控制加载速率。严格执行设计中制订的加载计划外，还应通过施工过程中的现场观测掌握地基变形动态，以保证在各级荷载下地基的稳定性。当地基变形出现异常时，应及时调整加载计划。为此，加载过程中应每天进行竖向变形、边桩位移及孔隙水压力等项目的观测。基本控制标准是：竖向变形每天不应超过10mm，边桩水平位移每天不应超过4mm。

(2)堆载面积要足够。堆载的顶面积不小于建筑物底面积。堆载的底面积也应适当扩大，以保证建筑物范围内的地基得到均匀加固。

(3)要注意堆载过程中荷载的均匀分布，避免局部堆载过高导致地基局部失稳破坏。

不论利用建筑物自身荷载加压或堆载加压，最为危险的是急于求成，不认真进行设计，忽视对加荷速率的控制，施加超过地基承载力的荷载。特别是对于打入式砂井地基，未待因打砂井而使地基减小的强度得到恢复就进行加载，这样就容易导致工程的失败。从沉降角度来分析，地基的沉降不仅仅是固结沉降，由于侧向变形也产生一部分沉降，特别是当荷载大时，如果不注意加荷速率的控制，地基内产生局部塑性区而因侧向变形引起沉降，从而增大总沉降量。

（三）真空预压(图3-6)

1.真空预压系统设置

设置真空预压系统时，应埋设水平向分布滤水管。滤水管的主要作用是使真空度在整个加固区域内均匀分布。滤水管在预压过程中应能适应地基的变形，特别是差异变形。滤水可用钢管或塑料管，其外侧宜缠绕铅丝，外包尼龙砂网或土工织物作为滤水层。滤水管在加固区内的分布形式可采用条状、梳子状或羽毛状等形状。滤水管一半埋设在排水砂垫层中间，其上应有 100～200mm 砂层覆盖。对滤水管设置量的基本要求是分布适当，以利于真空度的均匀分布，其滤水层渗透系数应与砂相当，一般要求不小于 3×10^3m/年。

图 3-6　真空预压

铺设密封膜。密封膜铺设质量是真空预压加固法成功的关键。密封膜应选用抗老化性能好、韧性大、抗穿刺能力强的不透气材料。普通聚氯乙烯薄膜虽可使用，但性能不如线性聚乙烯等专用膜好。密封膜热合时宜用双热合线平搭接，搭接长度应大于 15mm。密封膜宜铺设三层，以确保自身密封性能。膜周边可采用挖沟折铺、平铺并用黏土压边，围埝沟内覆水以及膜上全面覆水等方法进行密封。当处理区内有充足水源补给的透水层时，应采用封闭式板桩墙、封闭式板桩墙加沟内覆水或其他密封措施隔断透水层。

2. 抽气系统设置

抽气设备宜采用射流式真空泵。真空泵的设置数量应根据预压面积、真空泵性能指标以及施工经验确定，让每块预压区至少设置两台真空泵。对真空泵性能的一般要求是：抽真空效率高，能适应连续运转，工作可靠等。

膜上管道的一端与出膜装置相连，另一端连接真空设备。主管与薄膜连接处必须妥善处理，以保证密封的气密性。

在真空预压法的施工中，实测资料表明：

(1) 在大面积软地基加固过程中，每块预压区面积尽可能要大，因为这样可加快进度和消除更多的沉降量。目前最大达到 3 万 m^2。

(2) 两个预压区的间隔不宜过大，一般以 2～6m 较好。

(3) 膜下管道在不降低真空度的条件下尽可能的少。为减小费用可取消主管，全部采用滤管，由鱼骨状排列改为环状排列。

(4) 砂井间距应根据土质情况和工期要求来定。当砂井间距从 1.3m 增至 1.8m 时，达到相同固结度所需的时间增率与堆载预压法相同。

(5) 当冬季的气温降至 −17℃时，如对薄膜、管道、水泵、阀门及真空表等采取常规保温措施，则可照常进行作业。

(6) 直径 7cm 的袋装砂井和塑料带都具有较好的透水性能。实测表明，在同等条件下，达到相同固结度所需的时间接近，采用何种排水通道，主要由它的单价和施工条件而定。

真空预压法施工过程中为保证其质量，真空滤管的距离要适当，滤管渗透系数不小于 10^{-2}cm/s，泵及膜内真空度应达到在 73～96kPa 范围的技术要求，地表总沉降规律应符合一般堆载预压的沉降规律，如发现异常，应及时采取措施，以免影响加固效果。因此，必须做好真空度、地面沉降量、深层沉降、水平位移、孔隙水压力和地下水位的现场测试工作。

以下是几个利用真空预压进行软基处理的成功实例。

(1) 天津新港区某软基真空预压作业时间为 90～120d，软基深度为 17～21m，沉降量一般在 110～140cm（包括施工沉降），含水率比加固前减少 17%～20%，孔隙比缩小 18%～22%，重度增加 5% 以上，抗剪强度一般提高 80% 左右，十字板剪切强度提高 65%～100%。对软基深层固结起到了加速作用,减少了工后沉降,效果十分显著。

(2)某高速公路应用真空预压法对1~1.0m钢筋混凝土箱涵的软土地基进行加固,空载真空度大于99.3kPa。预压持续70d,地面沉降35.5cm,地基承载力由60kPa提高到124.6kPa,满足了工程要求。

(3)天津新港港区有48万m^2的新吹填土超软地基需要加固,该地基是在自重下还未完全固结的欠压压密土,地面以下20m范围内的土层为淤泥、淤泥质黏土或淤泥质亚黏土,属于高压缩土,采用真空预压加固地基,打设排水板20m。加固后土体固结度、强度、残余沉降量均满足了设计要求。

(4)在天津港南疆进港公路三期软基加固工程中,膜下真空度保持在85kPa以上,抽真空有效时间150d,地面平均沉降1.1m,地基承载力达到了设计要求的80kPa,满足了工程要求。

(四)降水预压

井点降水,一般是先用高压射水将井管外径为28~50mm、下端具有长约1.7m的滤管沉到所需深度,并将井管顶部用管路与真空泵相连,借真空泵的吸力使地下水位下降,形成漏斗状的水位线,

井管间距视土质而定,一般为0.8~2.0m,井点可按实际情况进行布置。滤管长度一般取1~2m,滤孔面积应占滤管表面积的20%~25%,滤管外包两层滤网和宗皮,以防止滤管被堵塞。

当降水深度为5~6m时,降水预压荷载可达50~60kPa,相应于堆高3m左右的砂石料。如果采用轻型多层井点或喷射井点等其他降水方法,则效果将更加明显。天津等沿海城市曾成功采用射流喷射方法降低地下水位,降水深度可达9m,而真空泵一般只能降5m。

降水预压法较堆载预压法的另一个优点是:降水预压使土中孔隙水压力降低,所以不会发生土体破坏,因而不需控制加荷速率,可一次降至预定深度,从而加速固结时间。

二、排水砂垫层

排水砂垫层的作用是使在预压过程中从土体进入垫层的渗流水迅速排出,使土体固结能正常进行,因而垫层的质量将直接关系到加固效果和预压时间的长短。

(一)垫层材料

垫层材料应采取渗水好的砂料,其渗透系数一般不低于10^{-3}cm/s,同时能起到一定的反滤作用。通常采用级配良好的中粗砂,含泥量不大于3%,一般不宜采用粉、细砂。也可采用连通砂井的砂沟来代替整片砂垫层。

(二)垫层厚度

排水垫层的厚度首先要满足从土层渗入垫层的渗流水能及时地排出,另一方面应起到持力层的作用。一般情况应选用30~50cm厚度。对新吹填不久的或无硬壳层的软黏土及水下施工的特殊条件,应采用厚的或混合料排水垫层。

(三)垫层施工

(1)若地基承载力较好,能上一般建筑机械时,可采用机械分堆摊铺法,即先堆成若干砂堆,然后用推土机或人工摊平。

(2)当硬壳层承载力不足时,可采用顺序推进铺筑法,避免机械进入未铺垫层的场地。

(3)若地基表面非常软,若为新沉积或新吹填不久的超软地基,首先要改善地基表面的持力条件,可先在地基表面铺设筋网层,再铺砂垫层。筋网可用土工聚合物、塑料编织网或竹筋网等材料。但对受水平力作用的地基,应注意当筋网腐烂形成软弱夹层时对地基稳定性的不利影响。

(4)尽管对超软地基表面采取了加强措施,但持力条件仍然很差,一般轻型机械上不去,在这种情况下,通常采用人工或轻便机械顺序推进铺设。

应当指出,无论采用何种方法施工,在排水垫层的施工过程中都应避免过渡扰动软土表面,以免造成砂土混合,影响垫层的排水效果。此外,在铺设砂层前,应清除干净砂井表面的淤泥或其他杂物,以利于砂井排水。

复习思考题

1. 简述塑料排水带施工的技术要求。
2. 简述袋装砂井施工步骤。
3. 排水砂垫层有什么作用? 对采用材料有何要求?
4. 简述普通砂井的优缺点;在什么情况下可以采用袋装砂井?
5. 简述塑料排水带的构造和基本原理。

单元四　挤密压实法

课题一　砂　　桩

砂桩，又叫挤实砂桩法，是指用振动或冲击荷载在软弱地基中成孔后，再将砂挤压人土中，形成大直径的密实柱体。砂桩适用于松散砂土、人工填土、粉土或杂填土等地基，可以提高地基的强度，减少地基的压缩性，或提高地基的抗震能力，防止饱和软弱土地基液化。如果建筑物以变形为控制条件，则砂桩处理后的软弱地基需经预压、消除沉降后才可作为建筑物地基，否则难以满足建筑物对沉降的要求。

【工程实例 4-1】　信南高速公路泌南段全长 91.086km，所经地段除河流沿线地带外均属膨胀土路基，天然含水率较大(18.1% ~30.4%)。为了减小桥梁台背路基工后沉降，对承载力小于 150kPa 的台背地基进行深层处理，由于现场砂资源丰富，从经济方面考虑，泌南一标段(K90 +000 ~ K106 +510)采用挤密砂桩进行地基处理，其施工方案要领及其质量控制要点如下。

(一)准备工作

(1)清理平整场地，拆除高空和地面、地下障碍物。

(2)根据设计文件要求，布设桩位、桩间距及安排桩的分布形式。本标段当台背填土高度大于5m 时，台背地基处理长度40m，其中处理段长度20m，过渡段长度20m；当台背填土高度小于5m 时，台背地基处理长度20m，其中处理段长度10m，过渡段长度10m。砂桩桩长5m，桩内径 ϕ50cm，桩间距采用 1.4m(处理段)和 1.6m(过渡段)，桩的平面布置采用等边三角形。挤密砂桩严格按照设计图纸进行施工放样，用木桩或竹签定出每根桩的位置。

(3)机械设备及材料的选择。根据地段的地基、砂桩桩径及桩长情况，选择合适的机械设备。泌南一标段选用 DYZ—60 型振动沉管砂桩机，内置平底活页式桩尖，并设二次投料口。该机激振力为 460kN，符合实际施工要求。原材料采用中粗混合砂，细度模数 2.8 以上，含泥量小于 5%。

(二)试验桩

在施工之前，根据现场实际情况调整各种机械参数，以保证大面积施工质量。针对性选择试桩位置，既要考虑软土厚度，又要顾及地质特点，关键是必须选择有代表性的位置，成桩试验要求达到以下目的：

(1)确定符合设计要求的施工工艺，如成桩时间、冲水量、水压、振动锤电机的电流等。

(2)确定合理的投料数量。

(3)确定密实度质量标准。

试桩数量30~50根或根据需要确定，试桩前分别进行地基的标准贯入、静力触探和瞬时瑞利波检验，每个试验路段不少于10个点；试桩成桩7d后，进行桩间土的标准贯入、静力触探和瞬时瑞利波的对照检验，每个试验路段不少于10个点，并且进行校体的重II型动力触探（每个试验路段不少于10根桩）和单桩承载力、复合地基承载力荷载试验检验（每个试验路段少于2个点）。

（三）施工工序

挤密砂桩施工工艺应按以下程序进行：整平原地面→机具定位→桩管沉入→加料压密→拔管→机具移位。

（1）移动桩机按照施工前所定桩位就位，校正校管垂直度小于1.5%，检查校管长度及投料口位置，桩管必须高出设计桩长3~5m，提升桩管离地面50m，将桩头活页闭合。准备完成后，在桩位处堆少量砂，以利于沉管对中。

（2）用振动沉桩机边振边沉入土层，直至沉入至设计深度，如果没有进入持力层，则继续沉至进入持力层50cm为止，留振适当时间。

（3）稍提升桩管使桩尖打开，停止振动，桩管内加足水量，使砂料呈饱和水状态，开始投料，一次上足或分两次投料，亦可超量投砂。

（4）启动拔管，为了使桩管内砂料密实，在拔管前先振动1min，然后边振动边均匀缓慢提升桩管，提升速度控制在1.0m/min，每提升1.0m，留振0.5~1.0min（软土层内留振0.5min，砂层内留振1.0min）并反插。

（5）当拔出桩管的1/2长度时，边加水边加剩余的投料，直至装满为止。

（6）边振动边继续加水，直至桩管提升至孔口。

（7）提升机反插速度必须均匀，反插深度由深到浅，每根桩在保证桩长和灌入砂量的前提下，反插次数不小于5次，做到沉管每提升1.0m反插1次，并根据成桩过程进行施工调整。

（8）投完剩余的填料，在施工距桩头2m范围内时适当增加反插次数和留振时间，采取超载投砂法，同时也可采用其他夯实类措施增加桩头密实度（如用管身下压等方法）。

（9）填料要分批加入，不宜一次加料过量，原则上要“少吃多餐”。每一深度的桩体未达到规定的密实度电流时，应继续加料，继续振实，严格防止“断桩”和“缩颈桩”的发生。

（10）施工过程中应及时记录成桩深度、成桩时间、每次砂灌入量、反插次数等；施工进程如发现土层有较大变化、投料量或沉桩速度异常时，应立即停止。

（11）施工完毕，平整场地、测量高程，整理施工记录。

（四）质量控制

挤密砂桩施工不当或技术要领把握不当，极易留下质量隐患，严重影响处理效果。

（1）若灌砂量不足、砂的含水率不佳或加水量不足，就会引起成桩桩身密实度不足，引起疏松现象。因此要严格控制投砂量，桩管内的加水量必须充足。实际灌砂量未达到设计要求时，补充灌砂后复打一次，或在旁边补桩一根。

（2）沉桩时桩管竖直度不够，或受邻桩振冲影响，容易引起已成砂桩倾斜。因此成桩时要经常校正桩管竖直度，相邻桩应间隔跳跃施工，避免相互间振动影响。

（3）桩底空松或桩底端料少或无料会引起短桩，沉管时遭遇局部硬土层或孤石，处理不当也会造成桩长不够。如果遇到土层或孤石，处理方法最好是及时停机，在桩位旁边试打，确定硬土层范围，然后考虑变更领位桩；拔管前必须灌满砂料，并留振1min。

(4)三次投料不合理、反插深度和次数有误会都会引起砂桩缩径，必须改变投料量比例，改变反插深度和次数以满足要求。

(5)断桩是施工中常见的病害，造成的原因有反插深度有误、塌孔、卡管活页打不开等。要严格按工艺性试桩提供的技术参数及成桩步骤控制拔管高度和拔管进度，否则易出现断桩，不能保证桩身的连续性。

(6)卡管为成桩中常见现象，要整修活页，使活页开启灵活。

挤密砂桩是当前公路建设中软基处理行之有效的主要措施之一，它具有施工简便、快捷、经济实用、效果明显等特点，被广泛用于桥涵台背软基和路基软基处理。下面对砂桩的加固原理及施工要点作详细介绍。

一、砂桩的加固原理

砂桩用于松砂土地基，可以防止液化；用于黏性土地基，可以提高承载力；用于桥头引道，能减少土压力偏载与沉降量。但是，这一技术应用于软弱黏土地基，由于成桩过程中对软土的扰动，将导致强度下降。这一点，必须引起足够的重视。

砂桩的原理，对于砂性土与黏性土各不相同。

1. 砂性土

砂性土是单粒结构，密实的单粒结构，颗粒间的排列已接近最稳定状态，在动(静)荷载作用下，一般不再产生大的变形。而疏松的单粒结构，颗粒间孔隙大，颗粒位置不稳定，在动(静)荷载作用下容易产生位移，因而产生较大的沉降，特别在动荷载作用下更为显著，其体积可减少20%。因此，必须经过人工处理后才可作为建筑物的地基。

在砂桩的成桩过程中，因采用振动或冲击方法，桩管将对周围砂土产生根大的横向挤压力，将地基中等于桩管体积的砂土挤向周围的砂层，使周围砂层孔隙比降低，干密度和内摩擦角增大，从而使土的物理力学性能得到改善，地基承载力幅度提高，一般可提高2~5倍。当砂土地基被挤密到临界孔隙比以下时，还可以防止振动液化。

2. 软弱黏性土

挤密砂桩在软弱黏性土地基中主要起置换作用和排水作用，这样形成的复合地基，可提高地基的承载力和整体稳定性。在复合地基加载时，由于砂与黏性土的物理力学性质不同，砂桩分担较多的荷载。其结果是减少了黏性土所承担的荷载，也减少了最终固结沉降量。同时，由于砂的抗剪强度比黏性土大，而且荷载的滞后作用较小，因而取代黏性土部分的地基强度和稳定性提高了。此外，和垂直排水法一样，砂桩也有排水井的效果。归纳起来，挤密砂桩在软弱黏性土中不外两种作用。

1)置换作用

粉土多为蜂窝结构，黏性土一般为聚凝结构，在成桩过程中受扰动后，比具有相同密实度和含水率的原状土的力学性质会降低，不仅很难起到挤密加固作用，甚至会使桩周土体强度出现暂时降低。所以砂桩加固软弱地基主要是利用砂桩本身的强度形成复合地基，提高地基的承载力和地基的整体稳定性。

2)排水作用

排水减压具有双重功能。前者加快固结，后者抵抗土液化。一般软弱地基土的渗透性很小，渗透系数多在 $1\times10^{-7}\sim1\times10^{-4}$ 范围内。在软弱地基中设置砂桩后，减少了软弱地基土的排水距离，加快了固结速率，有助于地基土强度的提高。

二、砂桩设计与计算

1. 砂性土的情况

砂性土地基平时的承载力一般是足够的，而地震时可能发生液化，地基就需要进行改善。

砂性土地基改善后的标准贯入击数 N 值，因颗粒级配不同而不同，还取决于原地基土的 N 值与置换率 α_s，如图 4-1 所示。

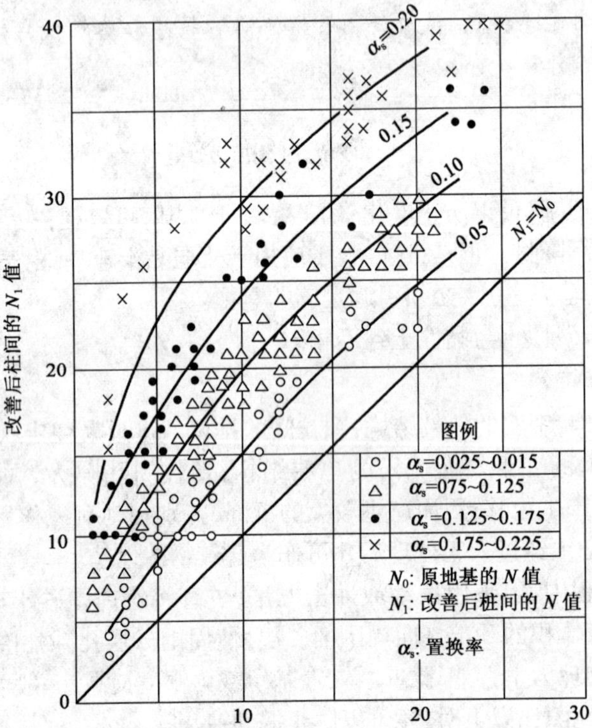

图 4-1　原地基 N 值（N_0）与改善后桩间 N 值的关系

设计时先由原地基的 N 值与要求的改善后的 N 值求出需要的置换率 α_s。

这时置换率 α_s 随着图 4-1 中砂桩布置的不同而不同，砂桩的直径 d_s 与间距 d 有如下的关系：

（1）正方形布置时，

$$\alpha_s = 0.785\left(\frac{d_s}{d}\right) \tag{4-1}$$

（2）正三角形布置时，

$$\alpha_s = 0.907\left(\frac{d_s}{d}\right)^2 \tag{4-2}$$

然后假定桩的间距，用式（4-1）或式（4-2），求算必要的桩径 d_s，桩的间距一般为 1.2～2.0m。

2. 黏性土地基

1）沉降计算

如图 4-2 所示，在面积为 A 的地基中设置断面积为 A_s 砂桩。假定作用于面积 A 的平均荷载为 σ，砂桩及黏性土部分产生的应力分别为 σ_s、σ_s，则得下式：

$$\sigma_A A = \sigma_s A_s + \sigma_c (A - A_s) \tag{4-3}$$

如图 4-3 所示，以应力分配率 $n = \sigma_s / \sigma_c$，砂桩的置换率 $m = A_s / A$，代入得应力降低系数

$$\mu_s = \frac{\sigma_c}{\sigma} = \frac{1}{1 + (n - 1)m} \tag{4-4}$$

施打挤密砂桩后地基的最终沉降量可由下式求得：

$$S_c = m_v \Delta pH \tag{4-5}$$

式中：H——固结土层厚度；

Δp——垂直附加平均应力；

m_v——天然地基的体积压缩系数。

复合地基固结引起的路堤的沉降速度，可以按砂井排水的考虑方法求算。

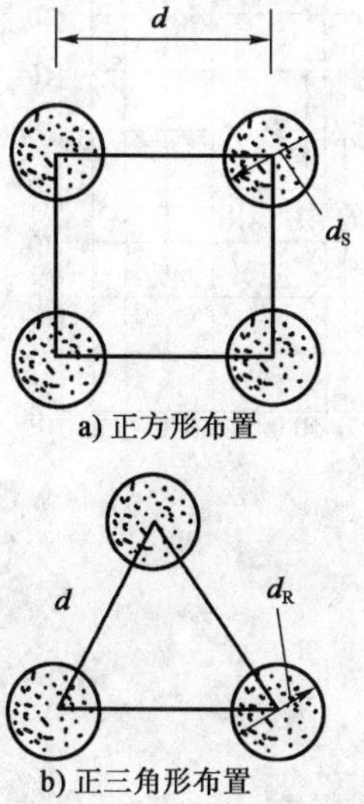

图 4-2　挤实砂桩的布置

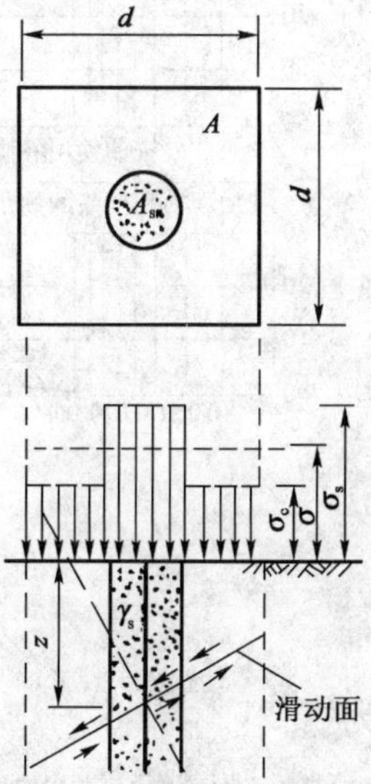

图 4-3　应力集中说明图

2）滑动分析

图 4-3 所示的复合地基中，沿滑动面的平均抗剪强度 τ_{sp} 可由下式给出：

$$\tau_{sp} = (1 - m)c + m(\mu_p p + \gamma_p z)\tan\varphi_p \cos^2\theta \tag{4-6}$$

式中：c——桩间土的黏聚力；

z——自地面起算的计算深度；

γ_p——砂料的重度；

φ_p——砂料的内摩擦角；

μ_p——应力集中系数，$\mu_p = \dfrac{n}{1 + m(n-1)}$；

m——面积置换率。

实际设计时，把地基分割成块，如图 4-4 所示，求算每块的平均应力增量，从而计算剪切阻力，进行砂桩布置，使滑动破坏安全系数满足要求。

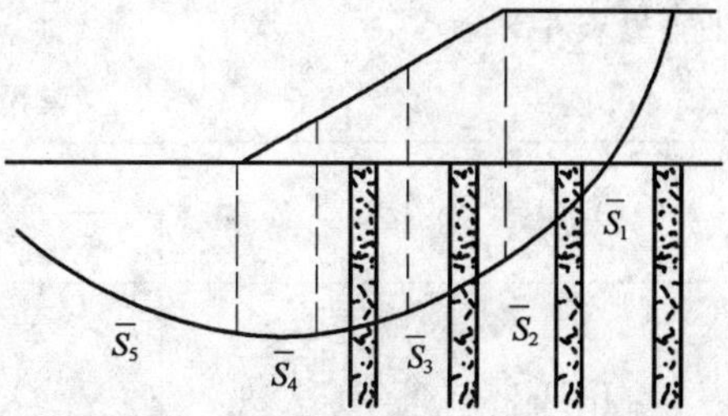

图 4-4　滑动分析图

3. 设计上的注意事项

1)关于应力分配率 n 及置换率 α_s

α_s 及 n 越大,黏土应力 σ_c 就越小,减小沉降的效果就越大。但是,如果采用大的置换率 α_s,砂桩周围的黏性土就会受到扰动,致使强度降低和固结系数 C_v 减小,效果可能会相互抵消。此外,n 值的大小还随着地基土的性质、荷载的作用位置及作用时间的变化而不同。实际上,常取 n 值小于4。

2)砂桩的材料

砂桩用的砂,细颗粒成分含量不宜多,以透水性大、级配好为宜(有效粒径 $D_{10}<0.1\text{mm}$,均匀系数 $\mu_o>5$,见图4-5)。同时,颗粒形状以棱角易压实的为宜。

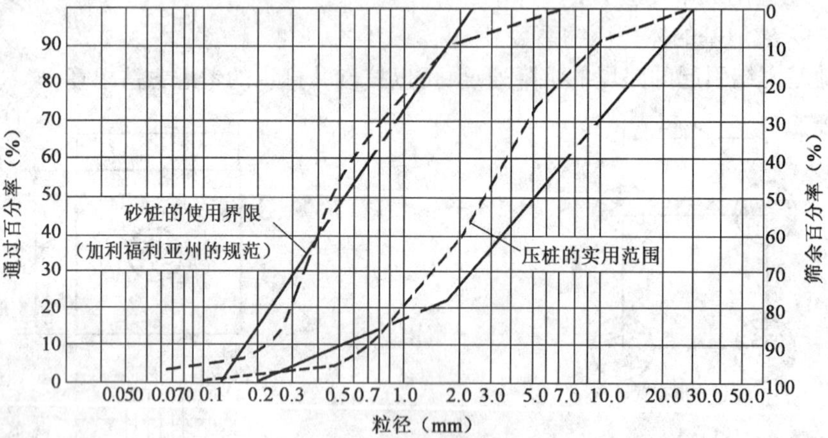

图4-5 砂桩用砂的颗粒级配

三、砂桩施工

(一)砂桩材料

砂桩的填料宜用级配较好的中粗砂,也可用砾砂。对于饱和软黏土,因为原地基较软弱,侧限不大,为了利于成桩,应选用级配好、强度高的砂砾混合料。填料中最大颗粒尺寸由桩管直径和桩尖的构造决定,以能顺利出料为宜,但最大不应超过50mm。

在饱和土中施工时,砂的含水率宜采用饱和状态;在非饱和且能形成直立桩孔孔壁的土层中用捣实法施工时,含水率采用7%~9%。

(二)施工机械

砂石桩机械主要分为振动式砂石桩机和锤击式砂石桩机两类,砂桩常用施工机械的技术性能见表4-1。

常用砂桩施工机械的性能 表4-1

类型	型号名称	技术性能		适用桩孔直径(cm)	最大桩孔深度(m)
		锤重(t)	落距(cm)		
柴油打桩机	D_1-6	0.6	155~187	30~35	5~6.5
	D_1-12	1.2	170~180	35~45	6~7
	D_1-18	1.8	210	45~57	6~8
	D_1-25	2.5	250	50~60	7~9

续上表

类　型	型号名称	技术性能		适用桩孔直径(cm)	最大桩孔深度(m)
		锤重(t)	落距(cm)		
电动落锤打桩机		0.75～1.5	100～200	30～45	
振动打桩机	7～8t 振动沉桩机	激振力 70～80kN		30～35	5～6
	10～15t 振动沉桩基	激振力 100～150kN		35～40	6～7
	15～20t 振动沉桩机	激振力 150～200kN		40～50	7～8

砂石桩机通常包括桩机架、桩管及桩尖、提升装置、挤密装置(振动捶成冲击锤)、上料设备及检测装置等。高能量的振动砂石桩机配有高压空气或水的喷射装置,同时还配有自动记录桩管贯入深度、提升量、压入量、管内砂石位置及变化,以及电机电流变化等的检测装置。

(三)施工工艺

1.施工顺序

砂性土地基中施工从外围或两侧向中间进行,以挤密为主的砂桩宜间隔施工;在淤泥质黏土地基中,砂桩从中间向外围或隔排施工;在已有建(构)筑物邻近施工,应背离其方向进行;在路堤或岸坡上施工,应背离岸边或坡顶方向进行。

2.振动成桩法

1)施工工艺

振动成桩法是在振动机的振动作用下,把带有底盖(或砂塞)的套管打入到规定深度,然后投入砂料,再排砂于土中,并振动密实变成桩。其施工顺序及示意图如图4-6和图4-7所示。

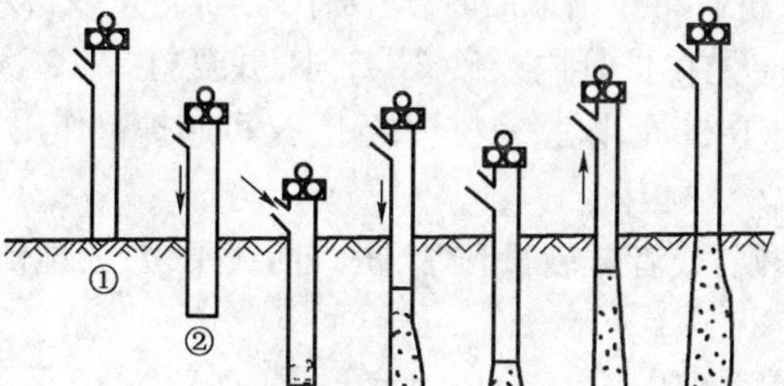

图4-6　砂桩施工顺序图

图4-7　砂桩施工

①移动桩架及导向架,把桩管及桩尖对准桩位。

②启动振动锤,将桩管打入土中,如遇到坚硬难打的土层,可辅以喷气或射水打入。

③将套管打到预定的深度,然后向桩管内投入规定数量的砂料。

④把桩管提升一定的高度(下砂顺利时提升高度不超过1～2m),提升时桩尖自动打开,桩管内的砂料被排出。

⑤将套管打下规定的深度,利用振动及桩尖的挤压作用使砂密实。

⑥再一次向桩管内投入砂料,然后把桩管提升到规定的高度。

⑦重复以上工序,砂料不断补充,砂桩不断增高,一直打到地面,砂桩即完成。

2)施工要点

(1)施工前应进行成桩挤密试验,桩数宜为7~9根。如果质量不能满足设计要求,应调整桩距、填砂量等有关参数,重新试验或改变设计。

(2)拔管速度不宜过快,排砂要充分。一般拔管速度为2m/min。

(3)控制每段砂桩的灌砂量。一般应按桩孔体积和砂在中密状态时的干密度计算,砂桩的灌砂量不宜多于或少于设计量的5%。每根砂桩单位长度内的灌砂量可按以下两式计算:

$$q = \frac{A(e_0 - e_1)}{1 + e_0} \tag{4-7}$$

$$g = \frac{d_s A_P \rho_w (1 + 0.01 w_1) L}{1 + e_P} \tag{4-8}$$

式中:g——单位长度灌砂量(m^3/m);

e_0、e_1——分别为天然地基和加固后地基土的孔隙比;

A——每根砂桩的影响范围面积(m^2);

d_s——砂颗粒的相对密度;

g——单位长度计算灌砂量(m^3/m);

w_1——砂的含水率(%);

A_p——一根砂桩的横截面积(m^2);

ρ_w——水的密度(t/m^3);

e_p——砂桩的孔隙比;

L——砂桩的长度。

(4)桩管内的砂料应保持一定的高度。

(5)桩管排砂不畅时,可适当加大风压。桩管将拔出地面时,应减小风压,防止砂料外溢。

(6)在软黏土中施工时,桩管未入土时,应先在桩管内投砂2~3斗,并复打2~3次。这样底部的土更密实,加上有少量的砂排出分布在桩周,既挤密桩周的土,又可起护壁作用,避免因缩颈而出现夹泥断桩现象。

(7)注意贯入和电流曲线变化,如土质较硬,或者排砂量正常,贯入曲线平缓,而电流曲线变化幅度大。

(8)施工结束后,应将基底高程下的松土层夯压密实。

3. 锤击成桩法

1)单管法

施工机具:单管法施工的施工机具主要有蒸气打桩机或柴油打桩机,以及钢筋混凝土锥形桩尖的桩管和装砂料斗等。

成桩工艺:单管法成桩工艺见图4-8:

①桩管就位,闭合桩靴。

②将桩管打到设计深度。

③灌砂(灌砂量较大时,可分成两次灌入,第一次灌入2/3,待桩管从土中拔起一半长度后再灌入剩下的1/3)。

图4-8 单管法成桩工艺

④按规定的拔起速度从土层中拔出桩管。

施工要点：

(1)以拔管速度控制桩身连续性。拔管速度可根据试验确定，在一般土质条件下，拔管速度应控制在1.5～3.0m/min。

(2)根据灌沙量控制桩直径，当灌砂量达不到设计要求时，应在原位复打一次，或在其旁补加一根砂桩。

2)双管法

施工机具：双管法施工的施工机具主要有蒸汽打桩机或柴油桩机、履带式起重机、底端开口的外管和底端闭口的内管以及装砂料斗等。

成桩工艺：双管法成桩工艺见图4-9：

①将内外管安放在预定的桩位上。

②锤击内外管，下沉到规定的深度。

③拔起内管，向外管内灌砂。

④放下内管到外管的砂面上，拔起外管到与内管底面平齐。

⑤锤击内外管，将砂压实。

⑥拔起内管，向外管内灌砂。

⑦重复④～⑥工序，直到桩管拔出地面。

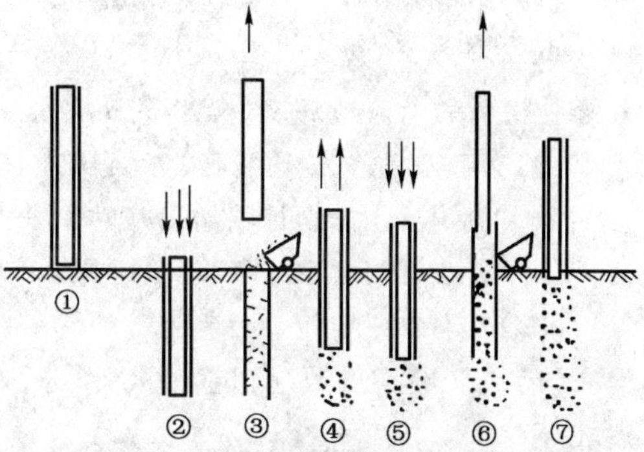

图4-9　双管法成桩工艺

施工要点：为保证砂桩桩体的连续性、密实性和桩周土挤密后的均匀性，在进行⑤工序时应按贯入度进行成桩。

四、砂桩质量检测

1.对砂桩施工的质量要求

(1)砂桩必须上下连续，确保设计长度。

(2)单位长度的灌砂量要达到设计要求。

(3)砂桩平面位置和垂直度的偏差要满足容许值。

2.砂桩质量检验的要求

(1)检查砂桩的沉管时间、各段的填砂量、提升及挤压时间和桩位偏差等各项施工记录和试验结果，如不符合设计要求，应采取补救措施。

(2)检验砂桩及桩间土的挤密质量可采用标准贯入、静力触探或动力触探等方法；对重要或大型工程宜进行现场荷载试验。

(3)桩间土质量的检测位置应在等边三角形或正方形的形心。

(4)砂桩挤密效果的检测可抽查进行，检测数量不少于桩孔总数的2%。

(5)施工后应间隔一定时间进行质量检验。对饱和黏性土应待孔隙水压力基本消散后进行，间隔时间宜为1～2周，对其他土可在施工后3～5d进行。

课题二　石　灰　桩

石灰桩法是用打砂桩的方法，在黏性土地基中用生石灰做成柱体，通过生石灰的消解吸水、继而生成水化物和毛细管的吸水作用，降低黏性土中的含水率，从而提高地基强度，减小沉降量。这种方法除了单独用生石灰外，也采用和砂及其他材料并用的混合桩。

【工程实例 4-2】 某地区位于黄河一级阶地，工程地质条件较为复杂，不利工程地质因素较多，其土层由上到下分别为杂填土、淤泥及淤泥质土、粉质黏土夹粉土，均属高压缩性土，是石灰桩重点加固层。其下为粉土质黏土，属中压缩性土，分布较稳定，埋深 3～5m，是石灰桩较理想的桩端持力层。水文地质条件较为简单，除杂填土中含浅层水外，其余各层土为弱含水或相对隔水层，水质有利于石灰桩加固。

（一）桩体材料

（1）构成桩体的主材是生石灰和粉煤灰。生石灰的活性 CaO 应大于 85%，灰块直径以 5cm 左右为宜，粉灰含量应小于 20%，矸石含量小于 5%；粉煤灰为 SiO_2、Al_2O_3 活性元素含量较高的新鲜粉煤灰，含水率应小于 40%。

（2）在孔底有余水残浆时，桩端 0.5m 灰比（生石灰比粉煤灰）为 1∶1，0.5m 以上桩体为 1∶2（均为体积比）。桩端增加灰比解决了桩身密实度和施工安全，但留下了人为的软弱桩段，因此，在桩端 0.5m 掺入 5%～7% 的水泥，亦可消除人为膏化段。

（二）成桩工艺

（1）成孔顺序应由外围向中心推进，以减少和隔离周边水流。为避免塌孔，应间隔成孔。

（2）桩孔要圆滑垂直，上下一致，深度要考虑设计桩长和取土观察进入桩端持力层的双控原则。

（3）灌孔前孔内应水干浆净（余水残浆应小于 20cm），灌孔时速度要快，配比要准，拌和要匀，夯击要实，确保成桩质量。

（4）每次虚投厚度应小于 40cm，以 2～3 个强劳力着力夯击 5～8 击，当夯击声沉闷时停夯。

【工程实例 4-3】 某洗衣粉车间污水处理站位于湖州软土区，有近 6m 厚、含水率高达 52% 的淤泥质土层。该工程中，排放水池和集水井基坑直径均为 615cm，开挖深度 5m，地下水位在地表下 0.7m。采用石灰桩作为水池（井）基底加固和坑壁支护，要求加固后复合地基承载力达到 100kPa，且保证基坑开挖安全。

（一）工程地质条件

（1）老填土，黄褐色，密度极不均匀，层厚 111～113cm。

（2）粉质黏土，黄色，软塑～可塑，含云母和少量氧化铁，含水率 29%，承载力特征值 $f_{ak}=150$kPa，层厚 110cm。

（3）淤泥质黏土，浅灰色，流塑，含少量有机质，含水率 52%，$f_{ak}=65$kPa，层厚为 516～519cm。

（4）黏土，灰绿色，软塑，含少量有机质，层厚 118～211cm。

（5）粉质黏土，灰绿色，软塑～可塑，层厚 216～219cm。

（二）设计施工方案

集水井采用双圈生石灰围护桩，内圈直径 6 900mm，外圈直径 9 300mm，内外圈各布设 32 根 377mm 生石灰桩；桩距内圈 680mm，外圈 910mm（图 4-10）。

排放水池采用混凝土沉管灌注桩和生石灰桩组合作为围护桩，以与集水井方案作比较。内圈直径7 500mm，密排377mm 沉管灌注桩48 根，间距490mm；外圈直径9 500mm，疏布377mm 的生石灰桩24 根，桩距1 240mm(图4-11)。

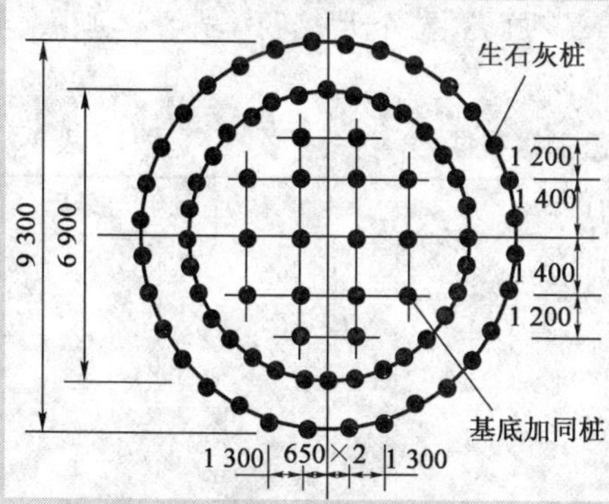

图4-10　双圈生石灰围护桩(尺寸单位：mm)

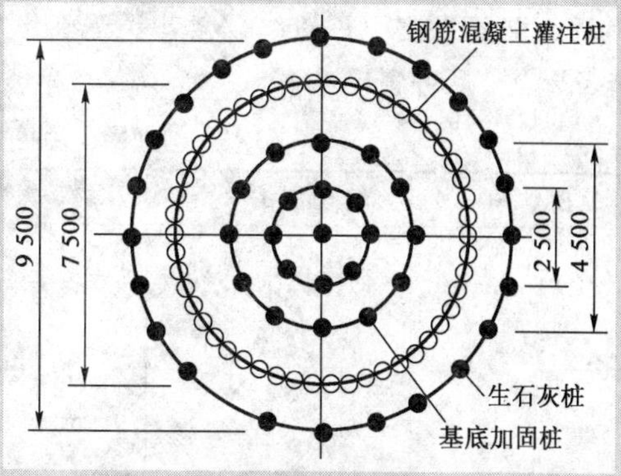

图4-11　组合围护桩(尺寸单位：mm)

集水井和排放水池基底加固均为377mm 生灰桩，围护桩和基底加固桩长均为9m，其中排放池布桩剖面如图4-12 所示。

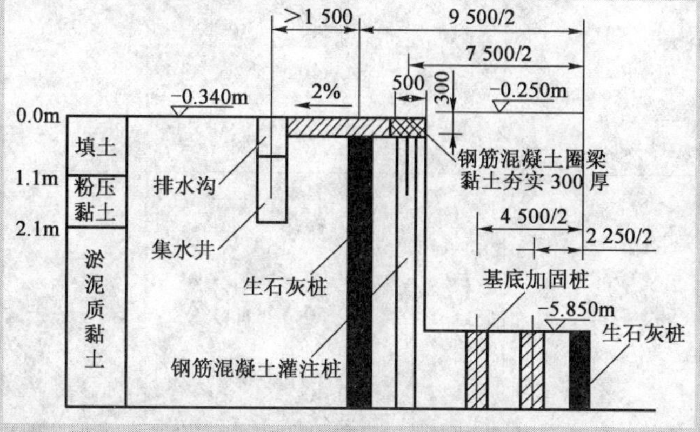

图4-12　排放池布桩剖面(尺寸单位：mm)

石灰桩采用振动桩机管内成桩工艺，施工时充盈系数达110 以上，黏土封顶。

(三)效果评价

1)桩身质量检验

从排放水池石灰桩桩身取2 组样做抗压试验，每组3 块试样，取样深度310 ~ 510cm，得到抗压强度平均值分别为2 186MPa 和3 136MPa。

2)桩间土加固效果检验

(1)静力触探试验。对排放池和集水井中的水解、调节池石灰桩加固前后的桩间土做了静力触探试验，结果如表4-2 所示。

(2)桩间土土工试验。对排放水池不同深度和距桩边不同距离的桩间土取样做常规土工试验，结果如表4-3 所示。

从表4-2、表4-3 可知，与天然地基相比，距桩边40cm 以内的土，黏聚力增加2 ~ 4 倍，内摩擦角增大2 ~ 3 倍，压缩系数减少20% ~ 40%，而地基承载力特征值平均增加111 ~

113倍。根据测试结果，计算加固后的复合地基承载力为110kPa，满足100kPa的要求。排放水池和集水井基坑分别在成桩后半个月和1个月开挖，均达到预期的支护效果。基坑开挖时软土已从流塑状态变为软塑～可塑状态，可锹起成块。基坑很干燥，不需要降水，这与附近打混凝土空心桩的综合楼基坑泡在水中呈明显对照。整个开挖和深井施工期间，坑壁直立稳定，无坍塌现象。

加固前后桩间土静力触探结果　表4-2

深度(m)	触探孔号	探头阻力 q_c(MPa)	承载力特征值 f_{ak}(kPa)
0～1.0	天然地基	2.04	150
	S-1	2.2	180
	S-2	2.1	160
	S-3	2.5	200
	S-4	3.0	240
	S-5	3.0	240
	S-6	3.0	240
1.0～2.0	天然地基	0.34	65
	S-1	0.70	90
	S-2	0.70	90
	S-3	0.70	90
	S-4	0.60	85
	S-5	0.50	80
	S-6	0.60	85
2.0～9.0	天然地基	0.34	65
	S-1	0.35	68
	S-2	0.35	68
	S-3	0.50	80
	S-4	0.35	68
	S-5	0.40	72
	S-6	0.45	75

桩间土工试验结果　表4-3

土类型	土样编号	取土深度(m)	距石灰桩边距离(cm)	含水率(%)	重度($kN\cdot m^{-3}$)	孔隙比	液限(%)	塑限(%)	塑性指数	液性指数	压缩系数(MPa^{-1})	内摩擦角(°)	黏聚力(kPa)
天然地基	A_1			39～60	17.0	1.52	43～49	22～26	22	1.4	1.6～2.1	2.5	9.81
加固土	A_1	2.8	15	50.5	17.2	1.38	50.1	24.8	25.3	1.02	1.23	6.5	28
	A_2	2.8	25	52.3	17.1	1.423	49.8	24.0	25.8	1.10	1.23	7.5	0
	A_3	2.8	40	49.2	17.3	1.346	46.9	22.8	24.1	1.10	1.28	6.0	25
	B_1	3.7	15	48.6	17.1	1.355	43.6	21.4	22.2	1.23	1.04	6.5	30
	B_2	3.7	25	56.7	16.8	1.537	52.5	25.5	27.0	1.16	1.44	4.0	35
	B_3	3.7	40	55.8	16.7	1.538	55.1	26.2	28.9	1.02	1.57	6.5	40

费用核算表明，采用双圈石灰桩围护的集水井工程与采用组合型围护的排水池工程相比，可节约围护费用约40%。目前该污水处理站已竣工3年，使用正常。

通过以上两列工程实例，我们了解到石灰桩加固软弱地基具有一定的优点，它改善地基，不需要上置荷载，而且，短时间内能发挥作用。不过，如果穿过滞水砂层，或者与地表水接触，其效果显著降低。其次，因为吸水会产生高热，所以在使用、储存时必须注意卫生及安全。设计方法中，因生石灰桩的膨胀压力、膨胀率、吸水效果及桩的强度等，改善地基强度的机理都还不明确，必须积累石灰桩加固软土地基的实测资料，确立合理的设计方法。总结石灰桩的加固原理和设计施工要点如下。

一、石灰桩的加固原理

石灰桩的加固原理可从桩间土和桩身两方面进行分析。

（一）桩间土

1. 成孔挤密

石灰桩施工时经振动钢管成孔后占地基土的体积约为70%，这种挤密效果在地下水位以上更明显。

2. 膨胀挤密

石灰桩在成孔后灌入生石灰吸水膨胀，对桩间土产生强大的挤压力，这对地下水位以下软黏土的挤密起主导作用。

3. 脱水挤密

软黏土的含水率一般为40%～80%，1kg的生石灰消解反应要吸收0.32kg的水。同时，由于反应高放出大量热量提高了地基土的温度，实测板间土的温度在50℃以上，使土产生一定的汽化脱水。从而使土含水虽下降，孔隙比减小，土颗粒靠拢挤密，加固区的地下水位也有一定的下降。

4. 胶凝作用

通过X射线衍射、化学分析、差热分析及电子显微照片，证明了土体加固前、后矿物成分和有机物质没有改变。但加固的$CaCO_3$及pH值都明显提高，钙离子含量也相对增加。这是由于生石灰吸水生成的$Ca(OH)_2$中一部分与土中CO_2产生反应生成碳酸钙，使桩结硬；另一部分与土中二氧化硅和氧化铝产生化学反应，生成水压硅酸钙、水化铝酸钙等水化产物。水化物对土颗粒产生胶结作用，使土聚集体增大。加固前土样单元体为1～4μm，加固后达10μm。加固前颗粒排列松散，加固后趋于紧密。从粒度分析中也可看出加固土黏粒含量减少，这都说明颗粒胶结作用从本质上改变了土的结构，提高了土的强度，而土体的强度将随龄期的增长而增加。

（二）桩身

作为单一的以生石灰作为原料的石灰桩，生石灰水化后，石灰桩的直径可胀发到原来所填的生石灰块体积的1倍，如充填密实和纯氧化钙的含量很高，则生石灰容重可达11～$12kN/m^3$。

生石灰吸水膨胀后仍然存在着相当多的孔隙，当把胀发后显得相当硬的石灰团用手揉捏时，水分就会被挤出来，石灰块会变成稠糊状。这一现象说明不能过多地依靠石灰桩本身的强度。经很多试验证明，石灰桩膨胀后的挤实作用使桩周土的孔隙比减小，土的含水率降低，形成一圈类似空心桩的较硬的土壳，它使土的强度提高。所以石灰桩的作用是使土挤实加固，而不是桩起承重作用。

二、石灰桩设计与计算

石灰桩的桩径一般为 15 ~ 30cm，具体桩径取决于成孔机管径。

桩距一般为 3 倍桩径。桩距太大，则约束力太小。石灰桩可以梅花形或正方形布置。一般离桩的 3 ~ 4 倍桩径外，原状土得不到加固，故对大面积加固通常至少需要 2 排护桩。

实践证明，石灰桩加固软土地基可按一般复合地基的理论计算。由于建设速度的需要，设计时可只考虑桩身四周挤密上的早期强度，后期强度作为安全储备。

三、石灰桩施工要求

(1) 桩身变形模量 E_s = 10 000 ~ 30 000kPa，E_s = (3 ~ 5) E_c（E_c 为桩间土变形模量）。

(2) 桩土应力比 n = 3 ~ 10。

(3) 加固后土的含水率 ω 下降 30% 以上。

(4) 土的塑限含水率大幅度下降，土的液性指数 I_L 下降 30% ~ 45%。土的状态明显改变。

(5) 土的天然重度 γ 增加 20% 以上，孔隙比 e 减少 15% ~ 40%。

(6) 土的黏聚力 c 和无侧限抗压强度 q_u 提高 40% ~ 70%。

(7) 绝对沉降量大为减少，仅为未加固天然地基的 1/4 ~ 1/50。差异沉降为 3 ~ 5mm。沉降速率快，大部分在施工期完成。

(8) 加固后的地基承载力为原天然地基承载力的 2 ~ 3.3 倍。

(9) 为约束石灰桩的向上胀发，可在桩孔内灌 80cm 厚的素土压顶。加固后地表层 50cm 是疏松的，故建造基础时应予开挖掉这疏松的部分。

四、石灰桩质量检验

(一) 桩身质量检验

(1) 挖桩检验与桩身取样试验。直接测定桩径、桩的外形、桩身材料分布情况及桩身密实度等，还可直接测定桩身强度。

(2) 采用静力触探、轻便触探、标贯试验等测定桩身质量。

(3) 荷载试验，有条件时可采用与桩身直径相同的静荷载试验。

桩身质量的检验应采用随机抽样检查，抽样检查数量不小于总桩数的 2%，同时每台班至少抽样 1 根。

(二) 桩间土检验

一般采用静力触探、标贯试验、轻便触探、旁压试验等原位测试手段，软土中也可用十字板剪切试验，同时钻孔取样进行室内土工试验，测定加固前后的各项指标变化。但值得注意的是，桩间土的加固程度与距桩身的距离有关。

有资料建议试验孔和取样孔取桩位对角线 1/4 的位置。

(三) 复合地基质量检验

复合地基承载力可采用现场单桩或多桩复合地基荷载试验。一般采用单桩复合地基试验，即承压板面积等于单桩承担的加固面积。

课题三 碎 石 桩

碎石桩是指用振动、冲击或水冲等方法在软弱地基中成孔后，再将碎石挤入土中形成大直径的由碎石所构成的密实桩体。

【工程实例4-4】

（一）工程概况

某市政道路工程跨越一暗塘地段，暗塘多为素填土及部分杂填土，近似饱和黏性土。由于在勘察设计阶段对该部分未做详细勘测，在路床施工时，仅将素填土表层压至规定的密实度后即进行路床底基层及灰土基层的施工，再铺设混凝土路面层。道路开通后，经过3个月的雨季，跨塘地段混凝土路面出现纵向裂缝。将该处混凝土路面凿开后，发现靠道路边部宽10m、长42m灰土基层下沉约6cm。经过对下沉的地基进行静力触探及标准贯入试验，确定下沉原因为：路床施工时只将素填土表层1.0m碾压密实，下部素填土未予处理，道路通车后由于荷载作用，加之经过一个雨季，当地地下水位又较高，造成1.0m以下未经处理的素填土及杂填土下沉，直接引起灰土基层下沉，导致混凝土面层悬空而出现裂缝。经综合考虑多方因素，决定对暗塘范围内的路床采用碎石挤密桩加固处理。

该市政道路工程地基加固的基本资料，见表4-4。

地基基本资料 表4-4

加固前地基承载力f_{ak}(kPa)	土层压缩模量E_s(MPa)	加固后复合地基承载力标准值f_{spk}(kPa)
90	4.05	120

（二）碎石桩设计

碎石挤密桩是根据加固后地基应达到的承载力标准值、加固前地基的承载力标准值、土的压缩模量等资料进行设计，确定桩长、桩径、桩间距等参数。该加固工程方案根据上述地质资料和工程要求确定所需各项参数。

1）桩长和桩径

该工程为暗塘填土加固，填土层厚度不大，碎石桩桩长应穿透填土层，深入老土层不少于2.0m。碎石桩桩径一般可采用30～80cm，本工程桩径取40cm。

2）桩距布置

该工程碎石桩采用正三角形布置。

由于该工程为黏性土地基，桩间距按下式计算，即

$$S = 1.08\sqrt{A_e} \tag{4-9}$$

式中：S——碎石桩间距；

A_e——一根碎石桩承担的地基处理面积。

$$A_e = \frac{A_p}{m} \tag{4-10}$$

式中：A_p——碎石桩的截面积；

m——面积置换率。

面积置换率由下式求得：

$$f_{spk}=[1+m(n-1)]f_{ak} \tag{4-11}$$

式中：f_{spk}——复合地基承载力标准值；

f_{ak}——桩间土承载力标准值，可用处理前地基土承载标准值代替；

n——桩、土应力比，一般取2～4，该工程取3。

将表4-4中各项数据代入上述各相应公式，求得面积置换率及桩距等参数见表4-5。

计算结果 表4-5

面积置换率 m	桩间距 S(cm)	复合地基土层压缩模量 E_{sp}(MPa)
0.1667	94	5.40

复合地基的压缩模量 E_{sp} 由下式计算：

$$E_{sp}=[1+m(n-1)]E_s \tag{4-12}$$

式中：E_s——桩间土的压缩模量，可用表4-4中加固前数据代入。

根据计算结果，该工程碎石桩桩间距取 $S=90$cm。

（三）碎石桩填料

碎石桩填料采用级配良好的碎石，分为0.5～1.0cm、1.0～2.0cm、2.0～4.0cm三种级配。碎石含泥量不大于5%，碎石最大粒径不应超过5.0cm。

（四）碎石桩施工（图4-13）

碎石桩布置时，在处理的基层宽度两侧分别多打两排桩，以确保设计宽度内碎石桩的稳定，保证施工处理地基的质量。

图4-13 碎石桩施工

1）施工机械

采用振动沉管打桩机，主要包括起重机、振动机、套管、料斗等几部分，料斗在套管顶部与套管形成一个整体。通过法兰盘与振动机相连。起重机包括走行部分、塔架、卷扬机等，电机功率为30kW，起重量为20t。振动机所产生的振动为垂直定向振动，振动机内装有一对横轴及固定于横轴上的偏心摆重。电机功率为55kW。套管端部为活瓣式桩靴，沉管振动下沉时，活瓣闭合严密，形成圆锥形桩尖，套管提升时在管内碎石重力作用下自动散开，碎石充满桩孔，经数次挤密形成密实的桩体。

2）施工工艺

在振动机振动作用下，把带有桩靴的套管打入设计深度；套管入土后，挤密套管周围的土体，然后通过料斗向套管内加入碎石，经数次振动、提升、压实作业后，最终形成密实的桩体。

3）施工注意事项

施工前首先进行成桩挤密试验，桩数为7～9根，如发现有质量问题，应适当调整桩距、碎石量等参数；施工时应间隔打桩，孔内碎石量不应小于设计值的95%；桩长采用设计高程及贯入度双控，贯入度控制的标准是在最后2min内小于5cm，具体由电机的实际工作电流控制，电流值最小不低于100A；严格控制沉管提升速度和高度、挤压时间及次数、电机的工作电流等；拔管速度控制在1m/min，每上拔0.5～1.0m应停拔桩管，振动5～10m，以确保挤密均匀及桩身的连续性；施工中保证桩位准确，纵向偏差不大于桩管直径，桩身保证连续和垂直，垂直度偏差不大于1.5%；施工时由专人记录各项施工参数；施工完毕后，先将桩顶以上松土清除干净，碾压密实后再进行碎石调节层的施工。

（五）碎石桩质量检测

碎石桩质量检测采用单桩荷载试验方法，选择代表性的单桩，按其承担的复合地基承载力面积，采用慢速维持荷载法进行承载力试验。根据《建筑地基处理技术规范》（JGJ 79—91）"附录1"要求，该工程单桩承载面积为0.7m^2，压板采用圆形，折算钢板直径为945cm。试验加载设备为500kN液压千斤顶，反力为堆载物，约重20kN。压板中心与桩中心重合，高程与所需处理的地基的顶高程相同。该工程共检测3根桩，分别位于地基处理前的静探孔附近位置，极有代表性和可比性。经过荷载试验，根桩的单桩复合地基承载力分别为156kPa、251kPa、160kPa，均大于设计值120kPa，达到了预期的要求。

该工程采用碎石桩对素填土及杂填土的软弱地基进行处置，按照该例的碎石桩设计和施工处理后，该处地基稳固，路面平整，重新通车后没有再出现下沉和开裂的现象。

碎石桩在工程中主要应用于以下几个方面：

①软弱地基加固；

②堤坝边坡加固；

③消除可液化砂土的液化性；

④消除湿陷性黄土的湿陷性。由工程实例总结碎石桩的加固原理和设计施工如下。

一、碎石桩的加固原理

碎石桩是利用散体材料（碎石）填充到地基预成孔中，或者采用振冲设备将散体材料充实到地基土中。充实到地基中的碎石具有一定的密实度并呈桩状分布，因而称碎石桩。按其制桩工艺分为振冲（湿法）碎石桩和干法碎石桩两大类。利用振动水冲法施工的碎石桩称为湿法碎石桩。

在复合地基的各类机体中，碎石桩与砂桩同属散体材料桩，加固机理相似。随被加固土质不同，机理而有差别，对砂土、粉土和碎石土具有置换和挤密作用；对黏性土和填土，以置换作用为主，兼有不同程度的挤密和促进排水固结的作用。碎石桩法一般用于处理松散砂或黏性土。

（1）对松砂而言，利用振动或冲击将碎石压入砂中以减少孔隙比，提高相对密度，其效果如下：

①通过振动或冲击将碎石压入砂中，使砂基挤实到临界孔隙比以下，以防止砂土在地震或受振动时液化。

②由于形成强度高的挤密碎石桩。

③减少固结沉降。

④由于挤密使地基变均匀。

（2）对黏性土而言，由于形成了一定间距的碎石桩和黏性土共同构成的复合地基，改善了基础地基的整体稳定性，其效果如下：

①增加了地基整体抗剪能力，可以提高承载力，防止地基产生滑动破坏。

②由于荷载产生桩间的应力集中，减少了固结沉降。

③由于密实的碎石桩的排水作用，可以提前完成剩余沉降。

④由于复合地基作用，可以减少差异沉降。

二、碎石桩设计与计算

振冲法是以起重机吊起振冲器，启动潜水电机后，带动偏心块，使振冲器产生高频振动，同时开动水泵，使高压水通过喷嘴喷射高压水流，在边振边冲的联合作用下，将振动器沉入到设计深度形成桩孔，再向桩孔逐段填入碎石并逐段振密，从而在地基中形成一根大直径的密实桩柱体并和原地基土组成复合地基，使承载力提高，沉降减少。

在砂性土中，振冲起挤密作用，故称振冲挤密；在黏性土中，振冲主要起置换作用，故称振冲置换。

振冲法适用于处理砂土、粉土、黏性上、填土以及软土，但对不排水抗剪强度小于20kPa的软土要慎重使用，应通过现场试验确定其适用性。

1. 加固范围

加固范围应根据建筑物的重要性和场地条件确定，应大于基底面积。对一般地基，宜在基础外缘加宽1~2排桩；对砂土、粉土等可液化地基应加宽2~4排桩（不少于5m）。

2. 桩位布置

一般采用正方形或正三角形布置。对大面积满堂处理，宜采用正三角形布置；对条形基础，设计时宜先考虑单排桩，若不能满足要求时，可布2排或3排桩。布桩时对多排桩宜采用正方形布置，也可布置成矩形或等腰三角形，对柱基宜用正方形布置，也可布置成矩形或等腰三角形，单柱柱基内最好布桩不少于3根。

3. 桩距

桩的间距一方面要保证复合地基承载力达到设计要求，另一方面又要避免桩距过小出现“串桩”，影响正常施工。一般桩距可取1.5~2.5m，荷载大或原土强度低时，取小值；反之，宜取大值。对于桩端没达到相对硬层的短桩，应取小值。若地基加固基本资料齐全，可按工程实例中公式(4-9)~式(4-11)详细计算。

4. 桩长

桩的深度一般应达到强度较高的下卧土层。当相对硬层的埋藏深度不大时，桩长应按相对硬层埋藏深度确定；当相对硬层的埋藏深度较大时，应按建筑物地基的变形容许值确定。桩长不宜短于4m。在可液化地基中，当可液化土层不厚时，桩体应穿透整个可液化层，当可液化层较厚时，应按抗震处理深度确定。

5. 桩径

碎石桩直径取决于地基土质情况和成桩设备等因素。采用30kW振冲器成桩时，桩径一般为0.7~1.0m；采用75kW振冲器或桩时，桩径一般为0.8~1.2m。

6. 复合地基承载力

复合地基承载力标准值应按现场复合地基荷载试验确定，也可用单桩和桩间土的荷载试验。

三、碎石桩施工工艺

(一)振冲碎石桩施工

1. 施工前准备工作

(1)现场勘察了解场地的地形及周围环境。

(2)了解场地的地质和地下水的情况,包括土层的分布情况及地基土的物理力学性质、地下水位及动态等。

(3)对中大型工程或重要工程,应进行振冲试验,根据试验情况确定各项施工参数。

(4)编写施工组织设计,合理布置现场,明确施工顺序、施工方法、计算所需的机具数量及所需耗用的水、电和填料等。

2. 桩身材料

碎石或卵石可选用自然级配,含泥量不宜超过10%,材料的最大粒径不宜大于80mm,对碎石常用的粒径为20~50mm,粒径太大不仅容易卡孔,而且能使振冲大外壳强烈磨损。

作为桩体材料,碎石比卵石好,碎石之间咬合力比卵石大,形成的碎石桩强度高,而卵石作填料下料容易。

3. 施工机具

振冲法施工的主要机具有振冲器、起吊机械、水泵、泥浆泵、填料机械、电控系统等。

4. 施工顺序

施工顺序一般采用"先中间后周边"或"一边推向一边"的顺序进行。在软黏土地基中施工时,要考虑减少对地基土的扰动,宜用间隔跳打的方式。在既有建筑物邻近施工时,必须遵循如图4-14所示的顺序,或者用功率较小的振动器施工。

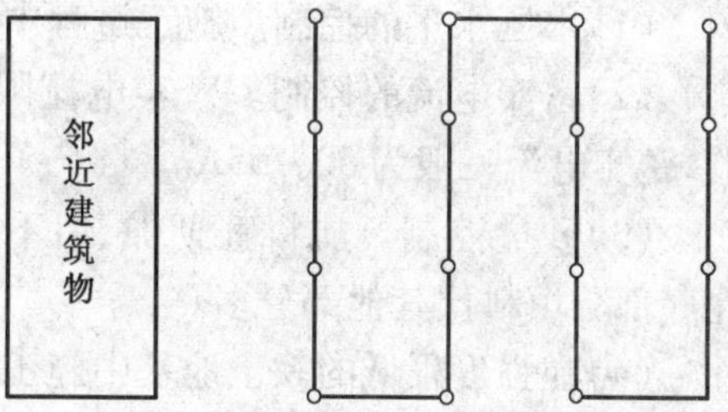

图4-14 既有建筑物邻近施工顺序

5. 施工工艺

振冲碎石桩施工过程见图4-15。

(1)就位:施工机具就位,振冲器对准桩位,开动水泵,待振冲器下端水口出水后,起动振冲器,检变水压、电压和振冲器的空载电流是否正常,如图4-15a)所示。

(2)成孔:启动起吊机械,使振冲器以1~2m/min的速度下沉。成孔过程中应使振冲器保持铅直状态。当下沉过程中电流值超过额定电流值时,必须减速或者停止下沉,或者向上起振冲器,待电流下降后继续下沉。在成孔过程中要记录电流值、成孔速度和返水情况。当孔口不返水时,应加大水量。当振冲器达到设计处理深度以下0.3~0.5m/min时,开始往上起,直到孔口,如图4-15b)所示。

(3)密实电流的控制。密实电流限定值应根据现场制桩试验确定,对常用的30kW振冲器,密实电流一般为50~55A。

(4)清孔:成孔后孔内泥浆比重较高,填料在孔内的下降速度将减慢,甚至造成淤塞。因此成孔后要留一定时间(一般1~2min)进行清孔,如图4-15c)所示。

(5)填料:清孔后,将振冲器提出孔口,即可开始填料。填料方式一般有两种:一种是把振冲器提出孔口,往孔内加料,然后再放入振冲器振密,每次往孔内倒入约0.15~0.5m石料,分段填料,分段振密,直到制桩结束;另一种是振冲器不提出孔口,只是往上提一些,使振冲器离开原来振密过的地方，然后往下倒料，再放下振冲器进行振密，如图4-15d）所示。

（6）振密加固：利用振冲器将填入桩孔的石料不断挤入侧壁土层，同时使桩身填料密实。

无论哪种填料方式都应保证振密自孔底开始，以每段30～50cm长度逐段自下而上直至孔口，如图4-15e）所示。

（7）成桩：振密加固到孔口时桩体形成，先关闭振冲器，再关闭水泵，如图4-15f）所示。

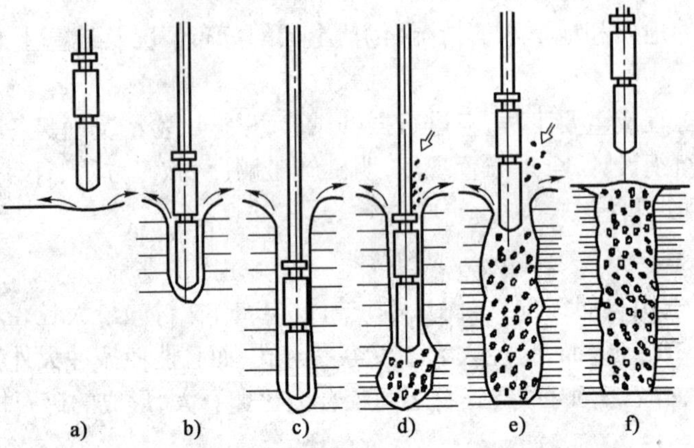

图4-15　振动法施工顺序示意图

6. 施工要点

（1）水压水量的控制。施工过程中，水量要充足，也不宜过多，以防塌孔。

（2）密实电流的控制。密实电流限定值应根据现场制桩试验确定，对常用的30kW振冲器，密实电流一般为50～55A。

（3）砂量控制。加料宜勤加，但不宜太多。制桩时，一般孔底部分填料比其他部分多。

（4）在强度很低的软土地基中施工，要采用“先护壁、后制桩”的施工方法。即开孔时，先将振冲器沉到第一层软土层，然后加料振挤，把这冲填料挤到软土层中，把这段孔壁保护住，接着再用同样方法处理下面的软弱层，直到加固深度。

（5）桩顶部约1m范围内，由于该处地基土的上覆压力小，施工时桩体的密实度很难达到要求。应将顶部的松散桩体挖除，或用碾压等方法使之密实，随后铺一层300～500mm的碎石垫层，并压实。

（二）干振碎石桩施工

干振碎石桩是对振冲碎石桩的一种改进，它可克服施工过程中及其后一段时间内桩间含水率增加，导致强度降低及施工过程中大量排泥浆、污染环境的特点。干振碎石桩的主要设备是干法振动成孔器，如图4-16所示。

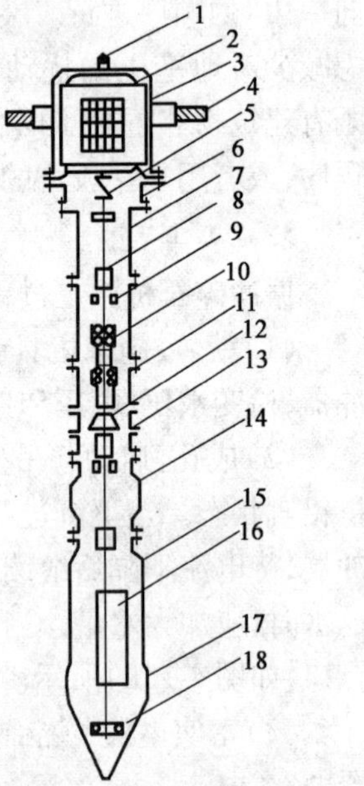

图4-16　干法振动成孔器

1-吊点滑轮；2-电动机；3-电机罩；4-返扭臂；5-联轴器；6-电机座；7-套管；8-传动轴；9、10、11-滚珠轴承；12-万向节；13-减振器；14-配重体；15-振动壳；16-振子；17-分动头；18-止推轴承

1. 适用条件

干振碎石桩适用于加固松散的非饱和黏性土（含水率$\omega<25\%$）、素填土、杂填土和二级以上非自重湿陷性黄土，加固深度6m左右，不适宜加固砂土和孔隙比$e<0.85$的饱和黏性土。

2. 施工工艺

干振碎石桩施工流程见图 4-17。

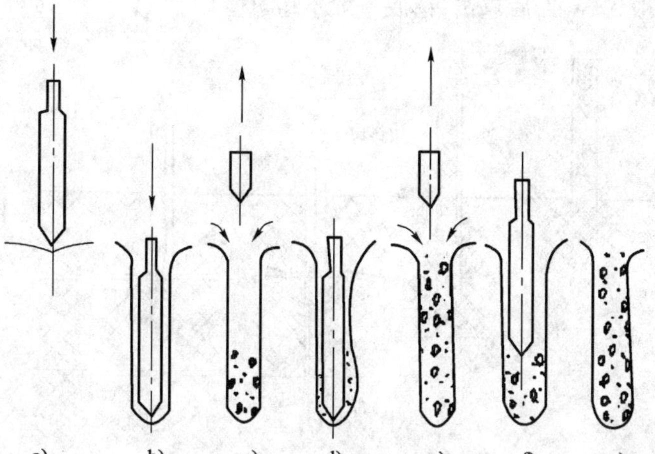

图 4-17　干振碎石桩施工流程

首先用振动成孔器成孔，将桩孔中的土挤入周围土体，提起振孔器，向孔内倒入约 1m 厚的碎石，再用振孔器进行捣实，要求达到密实电流并留振 10 ~ 15s，然后提起振孔器。如此分段填料振实，直到形成碎石桩。

（三）锤击碎石桩施工

1. 施工设备

（1）机架：塔架式或桅杆式，机架高度应根据桩长选用，一般 8 ~ 15m。为保证导管处于铅直状态，机架应设置导向装置。

（2）卷扬机：卷扬机两套，即主、副各一套。卷扬机提升能力应大于冲锤和导管的重力与拔管阻力之和，一般主卷扬机 25 ~ 35kN，副卷扬机为 15 ~ 25kN。

（3）电动机：电动机功率应与卷扬机配套。

（4）导管：用厚壁无缝钢管制作。

（5）冲锤。

2. 施工工艺

工艺流程图见 4-18。

（1）就位：机架就位，对准桩位，调平机架，置放导管，如图 4-18a）所示。

（2）制塞：在导管内投入一定量的碎石，形成一定高度的“石塞”，投料要适当，如图 4-18b）所示。

（3）沉管：用冲锤反复冲击导管内碎石石塞，由碎石与导管间的摩擦力带动导管与石塞一起下沉，直到设计深度为止。在冲击石塞料的沉管过程中，投料孔入土前必须封闭，如图 4-18c）所示。

（4）穿塞：沉管到位后，提升导管一定高度（最高 300mm），用低冲程将石塞击出管外，并使其冲入管下一定深度；为确定石塞是否被冲击导管，可轻冲管底 1 ~ 2 次，如导管不随之下沉，可判断已经穿塞，如图 4-18d）所示。

（5）制桩：制桩包括提管、投料和击实三个过程，如图 4-18e）所示。

在制桩过程中应严格控制每次提管高度，在淤泥质土层中应小于150mm，在一般黏土层中应在300mm左右。每次投料量以顺利击出管口并保证桩体连续为准，但要保证每米投石量。每次击实时一般先轻击，后重击，锤底一般不超过管口。

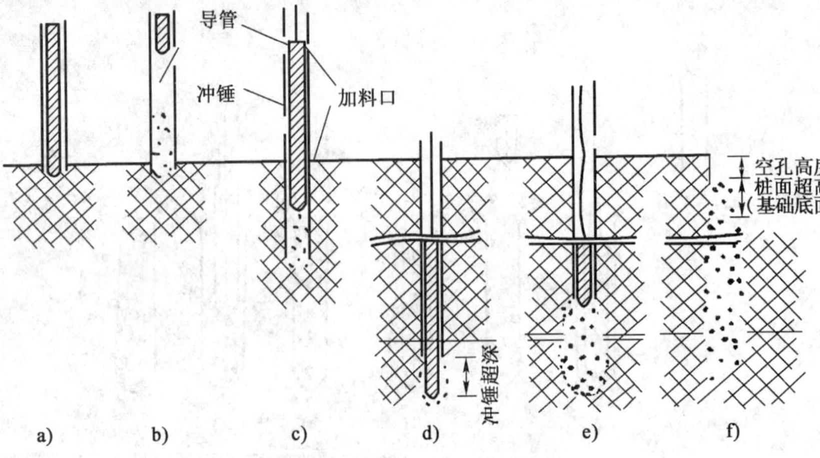

图4-18　锤击碎石桩制桩工艺

(6)形成桩体：制桩完成时，桩顶高程一般应高出基础底面0.5～1.0m，这段高度称为桩顶超高，以保证基底处的桩体和桩周土获得足够的密实度。超高部分在基础施工时挖除，如图4-18f)所示。

(7)表土处理：碎石桩施工完成后应对地基表面进行处理。处理方式如下：

①对条基和独立柱基：将基底高程下30cm厚的加固土挖去，回填30cm厚的碎石垫层并夯实。回填范围超出基础边缘50cm。

②对片筏基础：将基底高程下50cm厚的加固土挖去，回填50cm厚的碎石垫层，并压实，回填范围应超出基础边缘100cm。

课题四　CFG　桩

CFG桩是水泥粉煤灰碎石桩(Cement-Flyash-Gravel Pile)的简称，由碎石、石屑、粉煤灰掺适量水泥加水拌和，用振动沉管打桩机或其他成桩机具制成的一种具有一定黏结强度的桩。桩体主体材料为碎石，石屑为中等粒径集料，可改善级配。粉煤灰作为细集料，可以和低强度水泥作用。通过调整水泥掺量和配合比，桩体强度可在C5～C20之间变化，一般为C5～C10。

【工程实例4-5】

郑西高速客运专线试验段路基工程全长6.119km，地处渭河南岸，通过黄土台塬、白龙涧河谷及渭河一、二级阶地，主要工程地质为湿陷性黄土，湿陷类型有自重湿陷和非自重湿陷，湿陷等级有Ⅰ、Ⅱ、Ⅲ、Ⅳ级，湿陷厚度最小为2m，最大为20多m。

(一)工程地质

该试验段工程地质条件复杂，全段范围内存在大量不良地质和特殊地质，主要为湿陷性黄土、饱和砂土地震液化、松软土等。其中，地基处理试验方案为水泥土挤密桩+CFG桩的具体里程为DK357+150～DK357+250，面积为6.3m×6.3m。下面介绍CFG桩试验的有关情况。

（二）设计方案

1. 设计处理方案（表4-6）

设计处理方案 表4-6

地基处理措施	主要设计参数
水泥土挤密桩与CFG桩间隔按正三角形布置	水泥土挤密桩：桩径0.4m，桩长7.5m，桩间距0.9m；CFG桩：桩径0.4m，桩长18m，桩间距1.8m

2. 设计质量标准

（1）施工后应检查施工记录。

（2）混合料坍落度3～5cm。

（3）桩长允许误差不大于10cm。

（4）桩径允许误差不大于2cm。

（5）垂直度允许误差不大于1%。

（6）28 d桩体抗压强度不小于10mPa。

（7）参考配合比（表4-7）。

（8）施工前应进行配合比试验，坍落度3～5cm，桩体28d抗压强度不小于10MPa，桩体强度应满足C10混凝土强度要求。

参考配合比 表4-7

28d强度（MPa）	水泥强度等级	混合料密度（$t \cdot m^{-3}$）	石屑率	单方水用量（kg）	单方水泥用量（kg）	单方粉煤灰用量（kg）	单方石屑用量（kg）	单方碎石用量（kg）
10	P·O32.5	2.2	0.285	189.0	134.9	207.0	475.7	1193.4

（三）试桩施工准备

1. 试桩场地选择

CFG试验桩是在水泥土挤密桩试验区内加入CFG桩试验，试验场地选在DK357+150～DK357+250段。

2. 准备工作

（1）施工机具、设备：DJB60步履式打桩架配柴油锤—振动沉管锤组合打桩机，拌和站，混凝土运输车，经纬仪，水准仪。

（2）成孔方案选择：用振动沉管打桩机成孔，向管内投料，振动拔管，形成CFG桩。

（3）桩体材料试验、施工配合比：对石屑、水、水泥、粉煤灰、碎石进行检验，根据中心试验室提供的配合比进行施工。施工配合比为：水泥∶石屑∶碎石∶粉煤灰∶水＝1∶2.67∶6.54∶1.15∶1.10。

（4）测试项目：

施工前：水泥、粉煤灰、砂及碎石等原材料检测应符合路基验收标准的要求。

施工中：检查桩体材料配合比、坍落度和拔管速度、成孔深度、混合料灌入量测试。

施工后：检查桩顶高程、桩位、桩体质量、褥垫层的质量。检验桩身完整性，采用低应变动力试验。

(四)施工工艺

1. 施工准备

(1)放样、桩位确定并标识。

(2)施工机械的组装、初步拟定施工参数。

(3)间隔1.8m采用连续施打,避免损坏邻近桩。采用中心向外推进的方案。

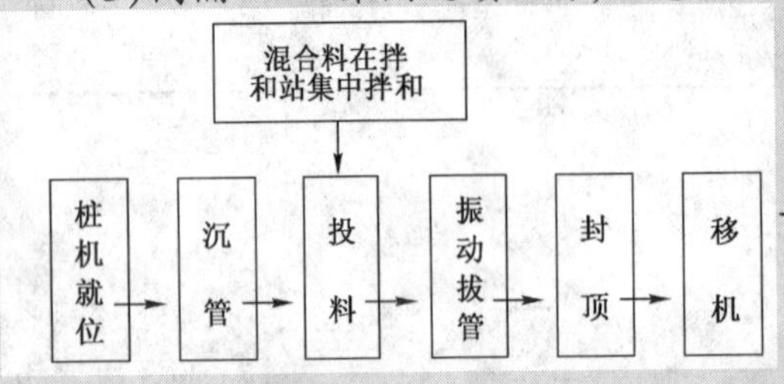

图4-19 施工工艺流程

2. 施工设备

DZ260型振动沉管打桩机,搅拌机,混凝土运输车,经纬仪,水准仪。

3. 施工工艺

施工工艺流程图见图4-19。

4. 施工方法(图4-20)

(1)沉管:根据设计桩长、沉管入土深度确定机架高度和沉管长度,在沉管表面作进尺标记,并进行设备组装。桩机就位,调整沉管与地面垂直,确保垂直度偏差不大于1%。启动电动机,开始沉管,在沉管过程中每沉1m记录电流1次,并对土层变化处予以说明,若沉管速度较慢或无法沉管启动柴油锤,沉管到预定高程后停机。沉管过程中注意控制桩机的稳定,严禁倾斜和错位。做好记录,对土层变化处予以说明。

(2)投料:在沉管过程中用料斗进行空中投料。待沉管至设计高程且停机后须尽快投料,直至管内混合料顶面与钢管料口平齐。混合料提前拌制,拌和时间不得少于1 min,加水量按坍落度3 ~5cm控制,成桩后浮浆厚度以不超过20cm为宜。

(3)拔管:启动电动机,首次投料后留振5~10s,开始拔管。拔管速度控制在1.2~1.5m/min,拔管过程中不得反插。如上料不足,须在拔管过程中空中投料,以保证成桩后桩顶高程达到设计要求,且成桩后桩顶高程应考虑计入保护桩长(0.5m)。

(4)封顶:沉管拔出地面,确认成桩符合设计要求后,用碎石或湿黏性土封顶,移机进行下一根桩的施工。

(5)试块:施工过程中,抽样做混合试块,每台机械每天做一组,并测定28d抗压强度。

图4-20 CFG桩施工

(6)混凝土冬季施工时按冬季施工措施施工。由于试桩用混凝土量不大,直接利用凤凰岭隧道出口混凝土拌和站拌制混凝土,保温混凝土运输车运至施工现场浇筑CFG桩混凝土。施工时做好混凝土温度、坍落度的测量工作,保证混凝土施工质量。

(五)质量控制与检测

1. 质量控制

(1)观测新打桩对未结硬的已打桩(挤密桩)的影响。在已打桩桩顶表面埋设标杆,在施打新桩时,随时观察地面是否发生隆起并测量已打桩桩顶的上升量,以估算桩径的缩小量,待已打桩结硬后,开挖检查其桩身质量和桩径。

(2)观测新打桩对已结硬的已打桩的影响。观测在已打桩桩顶表面埋设的标杆，当发现桩顶向上的位移超过10cm时，需进行开挖查验；若位移小于1cm时，断桩的可能性很小。施工中检查桩身混合料的配合比、坍落度、提拔杆速度（或提套管速度）、成孔深度、混合料灌入量等。施工结束后应对桩顶高程、桩位、桩体强度及完整性进行检查。

2. 质量检测

(1)现场控制：回填前对混合料坍落度进行检测，每台班检验3次；每台班制作两组试块，进行28d标准养护试件抗压强度检验；记录每根桩的灌注量。

(2)钻芯取样：按总桩数的2%进行检测，采用轻型钻机，对桩体进行全桩长取芯，并把芯样制成标准试件测其无侧限抗压强度，在钻芯取芯过程中，对各段芯样进行直观分析，做好芯样颜色及均匀性记录，以掌握全桩体质量。

(3)开挖检查：在成桩28d后将桩体上部（桩顶以下0.5m、1.0m、1.5m）截取三段，制成标准试体进行桩体无侧限抗压强度试验，试验检测频度为每种复合地基类型两根。

（六）试验数据统计分析与结论

(1)验证黄土地基处理后的湿陷性指标，是否消除了黄土湿陷性。

(2)确定水泥土挤密桩+CFG桩地基处理效果（地基承载力、地基强度）。

(3)确定CFG桩成孔、成桩工艺。

(4)确定水泥土挤密桩水泥土的延迟时间。

从以上工程实例，反映出CFG桩的作业原理和施工要点如下：

一、CFG桩加固原理

CFG桩复合地基的加固机理包括置换作用和挤密作用，其中以置换作用为主。当CFG桩用于挤密效果好的土层时，既有置换作用，又有挤密作用；当用于挤密效果差的土层时，只有置换作用。

CFG桩是在碎石桩的基础上发展起来的，属复合地基刚性桩，从严格意义上来说，应该是一种半柔半刚性桩。由实测资料表明，碎石桩主要受力作用区在4倍桩径范围内，沿桩长方向轴向和侧向应力迅速衰减。因此增加桩长对提高复合地基承载力效果不大。碎石桩的桩土应力比一般为1.5~4.0，要提高复合地基承载力，只有提高置换率，但提高置换率，将给施工带来很多困难。

CFG桩与碎石桩的差别之一在于CFG桩可全长受力。CFG桩由于桩身具有一定的黏结性，故可全长范围内受力，能充分发挥桩周摩阻力和端承力，桩土应力比一般为10~40，复合地基承载力的提高幅度较大，有沉降小、稳定快的特点。当地基土质好，荷载又不大时，可将桩设计短一些；反之则将桩设计长一些。如果地基土很软，而荷载又大时，用柔性桩难满足设计要求，而CFG桩可通过应力集中现象来实现。

CFG桩可用于加固填土、饱和及非饱和黏性土、松散的砂土、粉土等。对塑性指数高的饱和软黏土使用时应慎重。

二、CFG桩设计与计算

CFG桩设计原则是充分发挥桩间土和桩体的承载力，从而达到提高地基承载力和减少变形的目的。对松散砂土地基可考虑施工过程中产生的挤密作用，对挤密效果差的地基可不考虑其挤密效果。

1. 设计步骤

(1)根据地基土质、施工设备、布桩方式等条件初步确定桩径和桩距，由桩径和桩距求出置换率。

(2)由要求达到的复合地基承载力确定桩长。

(3)桩身强度设计。

(4)配料设计。

(5)确定褥垫层厚度。

2. 设计内容

(1)桩径 d

一般桩径为 350～400mm，由施工设备的桩管决定。

(2)桩距 L_p

桩距的大小取决于设计要求的地基承载力、布桩形式、土质与施工机具等，其值可参考表 4-8 选用。

桩距取值参考表 表 4-8

土质 布桩形式	挤密性好的土，如砂土、粉土、松散填土等	可挤密性土，如粉质黏土、非饱和黏土等	不可挤密性土，如饱和黏土、淤泥质土等
单、双排布桩的条基	$(3\sim5)d$	$(3\sim5)d$	$(4\sim5)d$
含 9 根以下的独立基础	$(3\sim6)d$	$(3.5\sim6)d$	$(4\sim6)d$
满堂布桩	$(4\sim6)d$	$(4\sim6)d$	$(4.5\sim7)d$

(3)复合地基承载力

CFG 桩复合地基承载力可按下式确定

$$f_{spk} = m\frac{R_k^d}{A_P} + \alpha\beta(1-m)f_{ak} \tag{4-13}$$

或

$$f_{spk} = [1+m(n-1)]\alpha\beta f_{ak} \tag{4-14}$$

式中：f_{spk}——复合地基承载力标准值；

m——面积置换率；

n——桩土应力比；

A_p——桩体的断面积；

f_{ak}——天然地基承载力标准值；

α——桩间土强度提高系数；

β——桩间土强度折减系数，对于一般工程，$\beta=0.9\sim0.95$，对于重要工程或变形要求高的建筑物，$\beta=0.75\sim0.9$；

R_k^d——单桩标准承载力值。

(4)单桩承载力

CFG 桩单桩承载力可按下式确定：

$$R_k^d = \frac{R_u}{K} \tag{4-15}$$

式中：R_u——静载试验极限承载力；

K——安全系数，取1.5～1.75。

还可由下两式计算确定（取两者计算结果较小者）：

$$R_k^d = \eta R_{28} A_p \tag{4-16}$$

$$R_k^d = (U_p \sum q_{si} l_i + q_p A_p)/K \tag{4-17}$$

式中：η——强度折减系数，取0.3～0.33；

R_{28}——桩体28d立方体试块强度；

U_p——桩周长；

q_{si}——第1层土极限侧阻力，按桩基技术规范有关规定取值；

q_p——极限端阻力，按桩基技术规范有关规定取值；

l_i——第i层土的厚度；

K——安全系数，取$K = 1.5 \sim 1.75$。

（5）变形计算

CFG复合地基变形包括三部分，表示为：

$$S = S_1 + S_2 + S_3 \tag{4-18}$$

式中：S_1——加固土体的比缩变形；

S_2——下卧层变形；

S_3——褥垫层变形，其值很小，一般忽略不计。

（6）褥层厚度

一般取10～30cm为宜。

三、CFG桩施工工艺

（一）施工顺序

打桩顺序有连打法、间隔跳打法。具体采用何种打法，最好由现场试验来确定。

连打法易造成邻桩被挤碎或缩颈，在黏性土中易造成地面隆起；跳打法不易发生上述现象，但土层较硬时，在已打桩中间补打新桩，可能造成已打桩被振裂或振断。

在软土中，桩距较大可采用隔桩跳打，但施工新桩与已打桩时间间隔不少于7d；在饱和的松散粉土中，如桩距较小，不宜采用隔桩跳打；满堂布桩时，应遵循由“中间向四周”或“一边向一边”的原则。

（二）施工工艺

1）沉管

（1）桩机就位，桩管保持垂直，垂直度偏差不大于1%。

（2）若采用预制钢筋混凝土桩尖，需埋入地表下300mm左右。

（3）开始沉管，为避免对邻桩的影响，沉管时间应尽量短。

（4）记录激振电流变化情况，一般可1m记录1次。

2）投料

沉管过程中可进行空中投料。沉管至设计高程后须尽快投料，直到管内混合料与钢管投料口平齐。若投料量不够，应在拔管过程中空中投料，以保证成桩桩顶高程满足设计要求。

3）拔管

(1)拔管前,应原位振约10s后再振动拔管。

(2)控制拔管速度,一般1.2~1.5m/min较合适。拔管过快易造成局部缩颈或断桩;拔管太慢,振动时间过长,会使桩顶浮浆增厚,易使混合料离析。对淤泥质土,拔管速度可适当放慢,拔管过程中也不宜反插留振。

(3)桩管拔出地面后,应用粒状材料或用黏土封顶。

(4)开槽及桩头处理。CFG桩施工完成后7d即可开槽,若某坑深度不大于1.5m,可采用人工开挖;当基坑深度大于1.5m时,可考虑人工和机械联合开挖,并通过试开挖确定预留人工开挖深度。一般人工开挖预留厚度不宜小于700mm,以避免对桩间土及桩产生不良影响。

4)褥垫铺设

褥垫厚度由设计设定,虚铺厚度按下式控制:

$$h = \frac{\Delta H}{\lambda} \tag{4-19}$$

式中:h——褥垫层虚锚厚度;

ΔH——褥垫层设计厚度、设计厚度;

λ——压实系数,一般取0.87~0.90。

褥垫层虚铺厚度比基础宽度大,其宽出的部分不宜小于褥垫层的厚度。

四、CFG桩效果检验

(1)桩间土可采用标贯试验、静力触探、轻便触探等手段进行加固前后土的物理力学性能试验。

(2)桩体应进行静荷载试验,经验成熟的地区也可结合使用动测法。

(3)复合地基应进行单桩或多桩复合地基静荷载试验。

复习思考题

1. 为什么可以用石灰桩处理软弱的地基?石灰起到了什么作用?
2. 简述砂桩施工中振动成桩法的施工工艺。
3. 简述碎石桩的加固原理。
4. 碎石桩的施工工艺有哪几种?有何区别?
5. 什么是CFG桩?CFG桩中的材料各起到什么作用?
6. 简述CFG桩的施工工艺。

单元五　化学加固法

课题一　水泥搅拌桩

【工程实例 5-1】　丰津汽车传动部件有限公司在天津市东丽经济技术开发区兴建联合厂房及生活楼，场地在天津市东丽经济技术开发区二经路、三经路及二纬路、三纬路之间，总建筑面积约 9 000m^2，为独立承台及条形基础和框、排架结构。因该场地基底持力层软弱，且建筑物对沉降要求较严，天然地基难以满足设计要求，经对多种加固方案的分析比较，决定对地基土采用粉喷桩加固。

（一）工程地质

该场地地属滨海相冲积平原，原为农田，现已回填，场地基本平坦。在 36.0m 深度范围内，地基土属第四全新统～上更新统陆相冲积物及海相沉积物，依据该场地的岩土工程勘察报告：拟建场地表层为 1.2～3.4m 厚的素填土，土质软硬不均，含植物根、有机质及少量石屑等物；其下为 1.0～2.8m 厚的黏土，黏土下面为 7.4～10.0m 厚的淤泥质土夹粉质黏土，即场区表层以下 10.0m 的土层物理力学性质较差。

（二）粉喷桩加固设计

1. 设计依据

（1）依据该加固建筑物的基础平面施工图。

（2）依据铁三院岩土工程总公司《天津丰津汽车传动部件有限公司厂区岩土工程勘察报告》。

（3）粉喷桩设计标准按《建筑地基处理技术规范》（JGJ 79—91）执行。

（4）按结构设计要求，地基处理后复合地基达 120kPa。

2. 设计准备

在粉喷桩加固设计前，为准确了解加固土体的性质、水质水泥和土的掺入比。在现场取 8 组土样，取样深度分别为本工程重点加固的 2.0～4.0m 和 4.0～6.0m，并用现场取得地下水作了室内试验。加固料为唐山渤海水泥总厂生产的万山牌 425 号矿渣硅酸盐水泥，掺入比分别为 11%、14%、16%，该掺入比对应 500mm 直径的粉喷桩每延米加水泥分别为 40kg、50kg、60kg，试验结果见表 5-1。

粉喷桩配比试验表 表 5-1

试验目的	样品编号	取样深度(m)	水泥掺入比(%)	抗压强度(MPa)	试验目的	样品编号	取样深度(m)	水泥掺入比(%)	抗压强度(MPa)
7d抗压试验	330	2.5	11	1.02	28d抗压试验	330	2.5	11	2.13
	331	4.5	16	1.34		331	4.5	16	2.21
	332	4.5	11	0.73		332	4.5	11	1.09
	333	4.5	14	1.50		333	4.5	14	2.24

3. 设计计算

单桩承载力

$$R_k^d = q_s \overline{U}_p + \alpha A_p q_p = 150.9(\text{kN})$$

实际加固中，选用的水泥掺入比为14%。从表5-1可得28d强度为2.2MPa，换算成90d龄期的标准强度：

$$q_u(28) = 0.75q_u(90) = 0.75f_{cuk}$$

$$f_{cuk} = 2.93\text{MPa}$$

按桩体强度计算单桩竖向承载力

$$R_k^d = \eta f_{cuk} A_p = 234.4(\text{kN})$$

取单桩承载力为150kPa。

桩间距为1.1m，总桩数为2417根，面积置换率$m=0.162$，复合地基承载力：

$$f_{sp} = mR_k^d/A_p + \beta(1-m)f_k = 145.86\text{kPa} > 120(\text{kPa})$$

（三）工程施工

该工程由铁三院岩土工程总公司负责施工，共进场4台粉喷机。在施工过程中，按"天津市建质管540号"文的规定，水泥土桩必须复搅到底，但实际是大多数粉喷设备第一次喷灰后最多复搅2~5m而难以复搅到底。因为每延米地基土内喷入50~60kg水泥后黏度大大增加，经第一次反搅喷灰后，地基土密实度也较大，难以复搅。而实际三搅两喷对保证施工质量切实可行，故在该项目中采取了全程两次喷灰的施工方案，即根据4台设备的施工能力经试验采用不同的两次喷灰量，即第一次全程喷30kg左右，第二次复搅到底后再喷入20~30kg的水泥，从施工上保证了复搅均匀度、工艺上满足了三搅两喷的规定，在丰田工程2 417根桩长为9.5m的粉喷桩施工中全部实现了全程搅拌，其余地面加固桩的5.0m桩也均实现了全程复搅。

该项目在施工中采用"水泥土桩施工组织和管理计算机处理系统"进行过程控制，取得了良好效果，保证了质量，并提前工期完成任务，得到甲方、监理、质检站等单位的广泛好评。

（四）效果检验

施工完毕28d后，采用方形承压板随机抽取12根粉喷桩，进行了慢速维持荷载法试验，试验结果表明加固后复合地基可以满足设计要求。

一、分　类

水泥土搅拌桩是一种用于加固饱和黏土地基的常用软基处理技术，它将水泥作为固化剂与软土在地基深处强制搅拌，由固化剂和软土产生一系列物理化学反应，使软土硬结成一定强度的水泥加固体，从而提高地基土承载力和增大变形模量。水泥土搅拌桩从施工工艺上可分为湿法和干法两种。

1. 湿法

湿法常称为浆喷搅拌法，将一定配比的水泥浆注入土中搅拌成桩，国内于 1977 年由冶金部建筑研究总院和交通部水运规划设计院研制，1978 年生产出第一台深层搅拌机，并于 1980 年在上海宝山钢铁总厂软基加固中获得成功。该工艺利用水泥浆作固化剂，通过特制的深层搅拌机械，在加固深度内就地将软土和水泥浆充分拌和，使软土硬结成具有整体性、水稳定性和足够强度的水泥土。

2. 干法

干法常称为粉喷搅拌法，于 1974 年日本研制出另一类粉体搅拌桩，即 DJM 法，自 1983 年铁四院应用该技术首先成功地用于铁路涵洞软土地基加固以来，经过多年的试验、研究和工程实践，国内粉体喷搅法已在港口、石油化工、市政和工业与民用建筑工程中得到大量应用，并取得了良好的技术经济效果。该工艺利用压缩空气通过固化材料供给机的特殊装置，携带着粉体固化材料，经过高压软管和搅拌轴输送到搅拌叶片的喷嘴喷出，借助搅拌叶片旋转，在叶片的背面产生空隙，安装在叶片背面的喷嘴将压缩空气连同粉体固化材料一起喷出，喷出的混合气体在空隙中压力急剧降低，促使固化材料就地黏附在旋转产生空隙的土中，旋转到半周，另一搅拌叶片把土与粉体固化材料搅拌混合在一起，与此同时，这只叶片背后的喷嘴将混合气体喷出，这样周而复始地搅拌、喷射、提升，与固化材料分离后的空气传递到搅拌轴的周围，上升到地面释放。

粉体喷射搅拌法（DJM 法）是深层搅拌加固技术的一种。1967 年瑞典 BPA 公司的 Kjeld Paus 先生提出了一种采用生石灰粉与原位软黏土搅拌形成石灰桩的软土加固法，即“石灰桩法”（Lime Columns Method），它标志着粉体喷射搅拌技术的问世。1971 年瑞典的 Linden - Alimat 公司根据 Kjeld Paus 的研究成果，在现场用生石灰和软土搅拌制作了石灰桩，进行了第一次现场试验，1974 年正式取得专利并进入工程实用阶段，开创了粉喷技术的新时代。

3. 两种方法的差别

干法和湿法相比较，具有如下特点：

（1）使用的干燥状态的固化材料可以吸收软土地基中的水分，对加固含水率高的软土、极软土以及泥炭化土地基效果更为显著。

（2）固化材料全面地被喷射到靠搅拌叶片旋转过程产生的空隙中，同时又靠土的水分把它黏附到空隙内部，随着搅拌叶片的搅拌，固化剂均匀地分布在土中，不会产生不均匀散乱现象，有利于提高地基土的加固强度。

（3）与浆喷深层搅拌或高压旋喷相比，输入地基土中的固化材料要少得多，无浆液排出，地面无拱起现象。同时固化材料是干燥状态的 0.5mm 以下的粉状体，如水泥、生石灰、消石灰等，材料来源广泛，并可使用两种以上的混合材料。因此，对地基土加固适应性强，不同的土质都可以找出与之相适应的固化材料，其适应的工程对象较广。

(4)固化材料从施工现场的供给机的储仓一直到喷入地基土中,成为连贯的密闭系统,中途不会发生粉尘外溢、污染环境的现象。

(5)湿法水泥配比较直观,材料的量化较容易,有利于质量控制。

二、施 工 工 艺

(一)粉体搅拌桩法(DJM 法)

1.施工设备

粉喷桩施工设备,国外以日本的 DJM 施工设备为代表,日本的粉喷机主要有五种型号,最大施工深度可达 33m;国内的粉喷机以上海探矿机械厂及铁道部武汉工程机械研究所生产的 GPP 型和 PH 为代表。表 5-2 列出了三种较常用机型及主要技术参数。我国的粉喷桩机比较轻便,整机质量为 10 ~ 15t,功率小,桩径多为 500mm,最大施工深度为 22m。这些粉喷机基本上均采用步履式,移位灵活;采用转盘式,重心低,较稳定;减速机用载重汽车的变速箱,产品定型,便于更换。

三种粉喷机性能表　　表 5-2

项目 \ 参数 \ 型号	PH-5A	PH-5B	PH-7	项目 \ 参数 \ 型号	PH-5A	PH-5B	PH-7
地基加固深度 (m)	14.5	18.0	20	灰罐容量 (m^3)	1.3	1.3	1.3
成桩直径 (mm)	500	500	500 ~ 700	储气罐 (m^3)	1	1	1
转速 (r/min)	18,40,61,90,134	18,40,61,90,134	18,40,61,90,134	空压机排量 (m^3/min)	1.6	1.6	1.6
最大扭矩 (kN·m)	18	18	22	主电机功率 (kW)	37	37	45
提升速度 (m/min)	0.27,0.6,0.9,1.32,1.96	0.27,0.6,0.9,1.32,1.96	0.27,0.6,0.9,1.32,1.96	发送机电机 (kW)	1.5	1.5	1.5
钻杆规格 (mm)	ϕ114 × 114	ϕ114 × 114	ϕ120 × 120	油泵电机 (kW)	4	4	4
纵向单步行程 (m)	1.2	1.2	1.2	空压机电机 (kW)	13	13	13
横向单步行程 (m)	0.5	0.5	0.5	整机质量 (kg)	95 000	125 000	130 000
接地比压 (kgf/cm^2)	<0.27	<0.27	<0.27				

2. 工艺流程

粉体喷射搅拌桩法的基本施工流程为：首先确认粉喷机主体的位置和搅拌轴的垂直性，然后边旋转搅拌轴，边钻进至加固深度。此时不喷射加固材料，但是为了不使喷口堵塞，需连续不断喷出压缩空气。钻进到预定加固深度后，边提升边喷射加固材料，如图5-1所示。

3. 施工技术要求

(1)施工时严格按设计图纸要求施工，注意桩顶、桩间高程控制，保证制桩质量和长度。

(2)施工时应注意机械传动部位，高压部位、油路、电路经常检查，保证正常工作状态。

(3)钻头入土时应采用I挡转速钻进，入土认为无障碍时，根据上层软硬情况，可提高钻进速度。

(4)钻到设计高程时，应在原位旋转后变速上提，同时进行送粉，做到钻杆提升时边喷粉边搅拌的连续作业法，当提到地面时，应考虑桩顶粉喷孔位置高于钻头尖20cm左右的情况。

(5)施工时垂直偏差不得超过规范要求。

(6)制桩时，不允许有断粉，如发生断粉现象，必须进行补喷，补喷时重叠处的长度应不小于500mm。

(7)为了保证制桩质量，在桩顶高程处以下一定范围内复喷一次。

图5-1　粉喷桩施工

(8)钻头提升到设计桩顶高程时，关闭喷粉机送粉阀，停止送粉，并继续制桩上提，保证桩在高程处的质量，余灰及钻头至粉喷孔的灰必须制好桩，保证高程以下的桩身质量。

(9)使用不低于32.5级的矿渣硅酸盐水泥，不得用受潮变质的同强度等级水泥。

(10)加料时应控制好材料用量，并做好记录，施工时按实际用量做好记录。

(二)水泥浆液搅拌法(CDM法)

1. 施工设备

水泥浆液搅拌机国内已有多家工厂生产，其结构大同小异，大体包括下列几个部分：

(1)制浆部分：包括一个灰浆搅拌机和一只集料斗，容量应和搅拌头的施工速度相配合，如SJB型搅拌机用两台200L灰浆搅拌机，集料斗不小于0.4m^3。拌浆应按水灰比定量加水和早强剂等外掺剂，集料斗斗口应加滤网，滤除大小结块。

(2)输浆部分：包括一个压浆泵、一个流量计和一条输浆管，压浆泵的泵压约1.0MPa，泵送量应满足施工搅拌速度要求，如SJB型机为3m^3/h。由于采用二次搅拌，搅拌时的提升速度又受限制，所以对泵送量的要求不高，一般往复式、挤压胶管式等压浆泵都可使用，以选用泵送量能调节的压浆泵为佳，以便压浆量沿加固深度分布均匀，如SYB50－1型液压注浆等。

输浆导管以不超过50m长度为宜，否则易产生灰浆沉淀和堵塞导管的现象。在施工现场太大时，应布置合理的搅拌站，或设立流动灰浆制备站。

(3)机架和行走系统：SJB型搅拌机是塔架式机架、轨轮式行走系统，施工很方便，缺点是拆、卸和轨道转向都较困难。近年来，一些厂家生产的大都是桅杆式或积木拆卸桁架式，用斜撑控制和调节垂直度，行走系统为滚动式，使用方便。由于钻杆的接卸会影响工效和质量，通常不接钻杆，机架的高度也决定了加固深度。太高的机架不但使造价剧增，而且往往影响稳定性能，而积木拆卸桁架式的机架可以随施工的需要而接高机架，拆卸均方便。

(4)搅拌动力头：和磨盘式钻机不同，喷浆搅拌动力头通常设在钻杆顶部，借助其自重辅助搅拌头钻进。SJB 型是双轴的。这种动力头内有两台潜水电机，采用循环水冷却，SJB－30 型是两台 30kW 电机，SJB3－40 型是两台 40kW 电机。搅拌头是二叶式的，直径 700mm，加固体截面呈 8 字形。二根搅拌轴中间是一根输浆管，管口有一个球形阀，向下钻时球阀堵住管口；向上提时压浆使球阀离开管口，浆液压入土体进行搅拌。搅拌机总是在上提时压浆搅拌。

单轴搅拌头由电机、变速器、钻杆和搅拌头组成，电机的功率通常在 30kW 左右，搅拌头一般为 500mm，可扩大到 650～700mm。压浆出口可布置在转轴上或转叶的中间部位，转叶通常是上、下二组二叶式的，出浆口在二组之间的转轴上，或在下转叶的中间部位，为防止出浆口堵塞，通常在下钻和上提时都压浆。

无论是双轴或单轴，压浆搅拌时搅拌头的提升速度(或下钻)是受限制的，搅拌头每转一圈，提升(或下钻)的垂直距离宜不超过 1～2cm，以保证搅拌均匀。

近年来生产的搅拌机是喷粉和压浆兼用的，用喷粉设备替代制浆设备，增加计量称重系统，搅拌头基本上无需改动，就可用作喷粉设备，为防止不喷浆(粉)时出浆口堵塞，国外有的产品在出浆口设一扇门，正转时门开，反转时门闭。

2. 工艺流程

水泥浆液搅拌法施工(图 5-2)可分为如下步骤：

(1)就位对中：深层搅拌桩机移动到指定桩位、对中。

(2)预搅下沉：启动搅拌机，放松起吊钢丝绳，使搅拌机沿导向架搅拌下沉，下沉速度由电气控制装置的电流检测表控制，工作电流不应大于额定值。

(3)制备固化剂浆液：搅拌机下沉的同时，后台拌制固化剂浆液，待压浆前将浆液倒入集料斗中。

图 5-2　水泥浆液搅拌法施工

(4)喷浆搅拌提升：搅拌机下沉到达设计深度后，开启灰浆泵，待浆液到达喷浆口，再按设计确定的提升速度边喷浆、边提升搅拌机。

(5)重复搅拌：搅拌机喷浆提升至设计顶面高程 0.3～0.5m 后，关闭灰浆泵，这时集料斗的浆液正好排空，为使软土和浆液搅拌均匀，再次将搅拌机下沉至设计深度后，再将深层搅拌机提升出地面。

(6)移位：重复上述五个步骤进行下一个桩的施工。

3. 复合地基承载力检验

1)慢速荷载试验法

按地基处理技术规范等行业规范及其他地区的有关规范，水泥土桩的验收采用慢速荷载试验法静载试验确定复合地基承载力。《建筑地基处理技术规范》(JGJ 79—91)中提到要求单桩复合地基荷载试验的压板可用圆形或方形，面积为一根桩的处理面积；多桩复合地基荷载试验的压板可用方形或矩形,其尺寸按实际桩数所承担的处理面积确定。深层搅拌桩复合地基与钢筋混凝土桩的主要区别在于,复合地基是桩和土共同承担上部结构传来的荷载,而钢筋混凝土桩一般只考虑桩的承载力,不直接考虑土的承载力。从检验的准确性要求来说,每个测点所包含的桩数越多,其试验结果的准确性就越高;但应该从试验的目的出发,尽可能地增加每个测点所包含的桩数,这样更能充分反映桩—土、土—土、桩—桩之间的相互作用。很明显,如果某测点只选择单桩复合地基,那么只能反映桩—土之间的作用,无法反映土—土、桩—桩之间的相互作用。当试验压板面积不足实际桩数所承担的处理面积时,意味着桩面积在试验面积中所占比率提高了,也就是说该限定面积上的承载力应该比平均承载力高,如果在这个面积上仍按平均承载力的要求去检验,等于降低了承载力标准。另外在试验过程中,需考虑试验压板高程及砂找平层对试验结果的影响,《建筑地基处理技术规范》(JGJ 79—91)中提到,压板底高程应与基础底面设计高程相同,压板下宜设中粗砂找平层。因为搅拌桩基础是一种复合地基,其上部结构所传来的压力通过搅拌桩本身及周围的土体来共同承担。高程不同,那么土和桩的承载力亦有所不同。如果试验压板高程不在基础底面的设计高程上,那么试验便失去了代表性,其试验结果很难反映基础底面的实际承载力。所以,试验压板高程应与基础底面的设计高程相同。为了使试验压板与试验工作面接触良好,使传力均匀,避免因应力集中而造成局部先破坏乃至整个破坏,应在压板下设中粗砂找平层。因而各个地区只能根据自己的经验进行设填。显然,找平层过薄,不能充分起到找平作用,仍有局部应力集中的可能;过厚,则不仅会使试验产生假性沉降量,还会造成结果误判。为了消除部分假性沉降,可以通过预压来达到这一目的,即在正式加载之前,预先加上2级左右的荷载,维持一段时间(大约1h)使压板与复合地基接触紧密,以减少假性沉降。

2)慢速试验结合跑桩法

尽管慢速静载试验能较准确确定加固后复合地基的承载力,但桩数较多时会影响工期,且给投资方带来较大的费用。在保证质量的前提下,为减少投资、加快工期,需对快速试验进行研究和尝试。

为了加快静载试验速度,美国现行试验标准中的快速维持荷载法,已将每级荷载增量间隔取2.5min进行加载,据此,考虑加载沉降主要在最初3min内完成,在实践中又产生了一次加载至单桩设计荷载的1.5倍左右,维持荷载3min,然后一次卸载至零的快速一次性加载测桩法,由于它变长时间的分级加载为短时间的一次性加载,测桩时,犹如在桩上跑过一般,俗称"跑桩法"。它具有既能对桩基进行较多根数的检查,判明质量的优劣,又能判定其承载力是否合格,且不增加测试时间和费用等优点。

所谓跑桩法,是指一次性加荷至单桩设计值的1.2~1.5倍,维持3min(考虑沉降主要在最初的3 min内完成),然后一次性卸荷至零的快速测桩法。

试验过程中首先将桩顶清平至设计高程,铺上1~2cm厚的砂垫层,放上与桩径相同的承压板,其上为压力传感器,基准梁上安装电子位移传感器,将触探杆换成与压力传感器匹配的压头并放在传感器上。

采用静力触探测试桩间土贯入阻力,主要目的是验证原勘察报告中的地基土承载力标准值,并了解桩间土的加固效果。

在跑桩法的应用中,曾将其与复合地基静荷载试验进行了多次对比,不断改进,取得了很好的效果。

课题二　高压喷射桩

【工程实例 5-2】

（一）旋喷桩单桩承载工程实例

1. 华利汽车 800t 冲床设备基坑地基加固工程

该工程属既有厂房设备改造，设备基坑深度为 5.7m，基础拟采用桩基础。设备地基加固受厂房高度及场地周围环境限制，一般成桩施工机械难以施工，通过分析论证，该工程采用高压旋喷桩进行地基加固。

根据《岩土工程勘察报告》描述，在 15m 勘探范围内，地基土土质特征详见表 5-3。根据《建筑地基技术处理规范》（JGJ 79—2002）12.2.3 条计算，设计桩径 700mm，有效桩长 9.3m，桩顶埋深 -5.0m，区域资料表明无侧限抗压强度取 2.5 MPa。

地基土土质特征　　表 5-3

土层编号	土层名称	平均厚度（m）	q_{si}（kPa）	q_p（kPa）
①	人工填土	1.0		
②	粉质黏土夹粉土	3.0	12	
③	黏土	2.2	11	
④-1	淤泥质土	3.5	8	
④-2	淤泥质土夹粉质黏土	3.8	9	
④-3	粉质黏土夹粉土	>4.0	13	130

（1）按桩身强度计算单桩竖向承载力标准值：

$$R_k^d = \eta \times f_{cu,k} \times A_p = 0.33 \times 2500 \times 3.14 \times 0.7 \times 0.7/4 = 317.3(\text{kN})$$

（2）按桩土端侧摩阻力计算单桩竖向承载力标准值：

$$R_k^d = (\pi d \sum q_{si} \times h_i + q_p \times A_p) = 339.7\ (\text{kN})$$

取（1）、（2）其中的低值，$R_k^d = 317.3$ kN，即单桩竖向承载力标准值为 317.3kN，单桩竖向极限承载力标准值为 317.3kN × 2 = 634.6kN；γ_{sp} 取 1.65，单桩竖向承载力设计值为 384kN。

采用高压旋喷桩进行地基加固，桩端持力层置于③-4 粉质黏土夹粉土中，共计 20 根。工程竣工后，该设备应用情况结果表明：高压旋喷桩桩基能够满足承载力和变形要求。

2. 雅马哈电子乐器有限公司生产车间厂房地基加固工程

该工程建筑物为三层框架结构，厂房基础采用沉管灌注桩，承台桩采用群桩基础，桩基采用沉管灌注桩，设计桩径 450mm，设计桩长 23.05m，单桩竖向承载力设计值 500kN。二层和三层通过连廊和老建筑物连接，连廊基础因离老厂房较近且有较多的生产电缆，沉管灌注桩挤土有可能影响老厂房安全和电缆的正常使用，钻孔灌注桩又有泥浆污染问题，故设计单位设计型钢旋喷桩基础代替沉管灌注桩。

该场地属滨海相冲积平原，场地属软弱场地土，桩持力层范围内自上而下由人工填土层、上组陆相沉积层、中组海相沉积层、沼泽相沉积层及下组陆相冲积层组成。高压旋喷桩基本参数如表5-4所示。

高压旋喷桩基本参数 表5-4

土层编号	土层名称	平均厚度(m)	q_{si}(kPa)	q_p(kPa)
①	人工填土	1.8		
②	黏土	1.7	11	
③-1	淤泥质黏土	4.5	8	
③-2	淤泥	2.5	7	
③-3	淤泥质黏土	5.5	8	
③-4	粉质黏土	2.3	10	
④	黏土	2.2	12	
⑤	粉质黏土夹粉土	6.4	13	150

根据《建筑地基技术处理规范》(JGJ 79—2002)12.2.3条计算，设计桩径800mm，桩长23.05m，区域资料表明无侧限抗压强度取2.5 MPa。

(1)按桩身强度计算单桩竖向承载力标准值：

$$R_k^d = \eta \times f_{cu,k} \times A_p = 0.33 \times 2500 \times 3.14 \times 0.8 \times 0.8/4 = 414.5(kN)$$

(2)按桩土端侧摩阻力计算单桩竖向承载力标准值：

$$R_k^d = (\pi d \sum q_{si} \times h_i + q_p \times A_p) = 633.4\ (kN)$$

取(1)、(2)其中的低值，$R_k^d = 414.5kN$，即单桩竖向承载力标准值为414.5kN，单桩竖向极限承载力标准值为414.5kN×2 =829.0kN；γ_{sp}取1.65，单桩竖向承载力设计值为502.4kN。桩基检测结果如图5-3所示，两组试桩单桩竖向极限承载力实测值均为不小于1050kN。

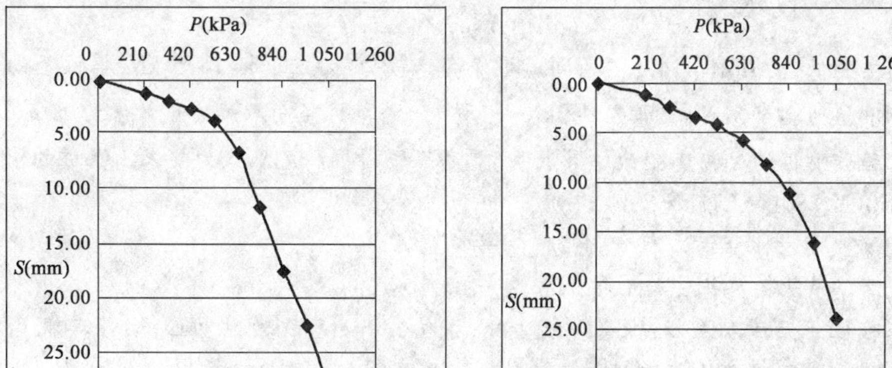

a) 高压旋喷桩42号桩抗压静载荷试验 P—S曲线

b) 高压旋喷桩32号桩抗压静载荷试验 P—S曲线

图5-3 高压旋喷桩静载曲线图

3. 天津日硝玻璃纤维有限公司

该工程位于天津市东丽开发区，单层轻钢结构，拟采用桩基础。场地工程地质条件如下：地貌属于滨海相冲积平原，在25.0m深度范围内地基土属第四系全新统人工堆积层、陆相冲积层、海相沉积层和上更新统陆相冲积层。采用高压旋喷桩单桩承载。根据《建筑地基技术处理规范》(JGJ 79—2002)10.2.3条，该工程基础桩桩端置于④-2粉土夹粉质黏土，有效桩长18.0m。根据原勘察报告，结合区域资料及地区经验，基本参数如表5-5所示。

(1)根据《建筑地基技术处理规范》(JGJ 79—2002)12.2.3条计算，设计桩径为800mm，区域资料表明无侧限抗压强度取2.5 MPa。

土层参数　　表5-5

土层编号	土层名称	平均厚度(m)	q_s(kPa)	q_p(kPa)
①	素填土	1.7	9	
②	黏土	2.5	13	
③-1	淤泥质粉质黏土	5.8	8	
③-2	粉质黏土	5.5	10	
④-1	粉质黏土夹粉土	3.3	15	
④-2	粉土夹粉质黏土	3.4	13	170

(1)按桩身强度计算单桩竖向承载力标准值：

$$R_k^d = \eta \times f_{cu,k} \times A_p = 0.33 \times 2500 \times 3.14 \times 0.8 \times 0.8/4 = 414.5(\text{kN})$$

(2)按桩土端侧摩阻力计算单桩竖向承载力标准值：

$$R_k^d = (\pi d \sum q_{si} \times h_i + q_p \times A_p) = 575.5\ (\text{kN})$$

取其中的低值，$R_k^d=414.5\text{kN}$，即单桩竖向承载力标准值为414.5 kN，单桩竖向极限承载力标准值为414.5kN×2 =829.0kN；γ_{sp}取1.65，单桩竖向承载力设计值为502.4 kN。

该工程旋喷桩的大应变测试结果表明，其高压旋喷桩满足承载力要求三根桩的承载力分别为850kN、880kN、871kN。

(二)旋喷桩防水止渗工程实例

1. 天津华清池商厦基坑旋喷桩止水

该工程位于天津劝业场旁，基坑开挖深度为6.0m，基坑紧贴劝业场，距其侧山墙仅0.9m。在坑底附近，地基土渗透性较大，特别是水平方向渗透系数在3.8×10^{-4}~4.48×10^{-5}cm/s之间变化，属弱透水性土质。因此在紧贴劝业场距其侧山墙仅0.9m一侧采用灌注桩加旋喷桩相结合，形成止水帷幕墙体，旋喷桩采用ϕ300mm，桩长12.0m。

2. 天津丰田冲压车间基坑支护工程

该工程在高压旋喷注浆实施过程中根据各段的周围环境、地层情况及开挖深度，利用旋喷与定喷有机结合，因地制宜地调整桩间距、桩径及喷射注浆的参数。旋喷完后同样用定喷进行连接封闭，使支护体形成一整体。各段的工艺参数如表5-6所示。

各段工艺参数

表5-6

分段	桩间距（cm）	旋喷下钻速度（cm/min）	旋转速度（r/min）	泵压（MPa）	定喷提速（cm/min）	成桩直径（cm）	工字钢插入方式
1	50 局部60~65	23	25	23~25	约1.2	60~65	每孔插入
2	50~55	26	28	23~25	约1.5	50~55	间隔插入

该基坑20d以后进行开挖，从开挖情况看，桩与桩之间虽有因错位、缩径等原因形成的空间和因桩间距较大或桩径小形成的空当，但都被定喷体有效地封堵了，整个支护体历经30d，墙体干燥，滴水不漏。

为了更明显地反映旋喷与定喷注浆相结合的优点，将该工地这种方式和地层、周围环境、开挖深度相近的华利800t冲床基坑采用旋喷桩相互搭接的方式进行了对比（桩长10m为例）。

从表5-7对比可以看出，同样的桩间距，采用旋喷与定喷相结合，桩与桩的搭接宽度要求小，甚至不必搭接，通过定喷可以形成整体连续性更为可靠的支护体，而且工效快，浆材省。

工程对比

表5-7

基坑形式	华利800t冲床基坑	丰田新建冲压车间基坑
支护方式	旋喷桩相互搭接形成支护体	旋喷与定喷相结合形成支护体
地层情况	基本一致，丰田上部2m杂填土较多	
提升速度（cm/min）	20~22	旋喷25~27，定喷120~150
注浆时间（min）	50	45
全孔完成时间（min）	58~62	46~50
注浆压力（MPa）	23~25	23~25
水泥用量（t）	2.0~2.1	1.8~1.9
桩间距（mm）	500	500，局部调整到550~600
桩间相互搭接要求	搭接宽度20cm	局部搭接约5~10cm，多半桩相切或略有间隙
支护体稳定性	稳定	稳定
支护体连续性	基本完整，局部有空当渗漏，采用静压注浆处理	成完整一体，无渗漏

3. 北京顺义某公寓

北京顺义某公寓二期工程基坑开挖深度约3.5~4.0m，基坑东西北三面周围无建筑物，采用放坡开挖，南面距离9m为一期6层住宅，相距3.5m处有一围墙，在围墙靠近基坑一边埋有直径500mm的输水管道。为了防止漏水和基坑变形对上述建筑物的影响，同时考虑到造价，基坑南边采用放坡加支护相结合的方式，即在基坑边约1.5m处做一排旋喷桩，考虑到围墙、水管等距离基坑有一定的距离，基坑开挖有一定的坡度，将旋喷桩间距定为600mm，桩径500mm，桩深7m，桩与桩之间采用定喷进行连接。

该工地地层情况：0 ~ 8m 从上至下主要是杂填土、粉质黏土和粉土，地下水位高 1.2 ~ 1.5m。

在正常施工之前，采用如下参数作了三根试验桩，旋喷提速 25cm/min，定喷提速 150cm/min，泵压 25MPa，24h 之后进行开挖检验，量测桩径基本在 480 ~ 520mm 之间，桩与桩之间可以明显看到宽约 7cm 左右的板状固结体与两旋喷桩连为一体，这证明了这种工艺措施的可靠性和工艺参数的合理性。该基坑开挖后，坡体稳定，无渗漏现象，保证了周围构筑体的安全。

一、概　　述

高压喷射注浆法 20 世纪 60 年代后期创始于日本，它是利用钻机把带有喷嘴的注浆管钻进至土层的预定位置后，以高压设备使浆液或水成为 20MPa 左右的高压流从喷嘴中喷射出来，冲击破坏土体，同时钻杆以一定速度渐渐向上提升，将浆液与土粒强制搅拌混合，浆液凝固后，在土中形成一个固结体。固结体的形状和喷射流移动方向有关。一般分为旋转喷射（简称旋喷）、定向喷射（简称定喷）和摆动喷射（简称摆喷）三种类型。

旋喷法施工时，喷嘴一面喷射一面旋转并提升，固结体呈圆柱状。主要用于加固地基，提高地基土的抗剪强度，改善土的变形性质；也可组成闭合的帷幕，用于截阻地下水流和治理流沙。旋喷法施工后，在地基中形成的圆柱体称为旋喷桩。

定喷法施工时，喷嘴一面喷射一面提升，喷射的方向固定不变，固结体形如板状或壁状。

摆喷法施工时，喷嘴一面喷射一面提升，喷射的方向呈较小角度来回摇动，固结体形如较厚的墙板状。

定喷及摆喷两种方法通常用于基坑防渗、改善地基土的水流性质和稳定边坡等工程。

当前高压喷射注浆法的基本工艺类型有单管法、二重管法、三重管法和多重管法等四种方法。

（一）单管法

单管旋喷注浆法是利用钻机把安装在注浆管（单管）底部侧面的特殊喷嘴，置入土层预定深度后，用高压泥浆泵等装置，以 20MPa 左右的压力，把浆液从喷嘴中喷射出去冲击破坏土体，同时借助注浆管的旋转和提升运动，使浆液与从土体上崩落下来的土搅拌混合，经一定时间凝固，便在土中形成圆柱状的固结体。这种工法日本称为 CCP 工法。

（二）二重管法

使用双通道的二重注浆管。当二重注浆管钻进到土层的预定深度后，通过在管底部侧面的一个同轴双重喷嘴，同时喷射出高压浆液和空气两种介质的喷射流冲击破坏土体。即以高压泥浆泵等高压发生装置喷射出 20MPa 左右压力的浆液，并用 0.7MPa 左右压力把压缩空气从内喷嘴中高速喷出。在高压浆液和它外圈环绕气流的共同作用下，破坏土体的能量显著增大，喷嘴一面喷射一面旋转和提升，最后在土中形成圆柱状固结体，固结体的直径明显增加。这种方法日本称为 JSG 工法。

（三）三重管法

使用分别输送水、气、浆三种介质的三重注浆管。在以高压泵等高压发生装置产生 20MPa 左右的高压水喷射流的周围，环绕一股 0.7MPa 左右的圆筒状气流，进行高压水喷射流和气流同轴喷射冲切土体,形成较大的空隙,再另由泥浆泵注入压力为 2 ~ 5MPa 的浆液填充,喷嘴作旋转和提升运动,最后便在土中凝固为直径较大的圆柱状固结体。这种方法日本称 CJP 工法。

(四)多重管法

这种方法首先需要在地面钻一个导孔,然后置入多重管,用逐渐向下运动的旋转超高压力水射流(压力约 40MPa),切削破坏四周的土体,经高压水冲击下来的土和石成为泥浆后,立即用真空泵从多重管中抽出。如此反复地冲和抽,便在地层中形成一个较大的空间。装在喷嘴附近的超声波传感器及时测出空间的直径和形状,最后根据工程要求选用浆液、砂浆、砾石等材料进行填充,于是在地层中形成一个大直径的柱状固结体,在砂性土中最大可达 4m。这种方法日本称为 SSS-MAN 工法。

二、高压喷射注浆法的特征及适用范围

(一)特征

(1)适用范围较广。由于固结体的质量明显提高,它既可用于新建工程,也可用于竣工后的托换工程。

(2)施工简便。只需在土层中钻一个孔径为 50mm 或 300mm 的小孔,便可在土中喷射成直径为 0.4 ~ 4.0m 的固结体,因而在施工时能贴近已有建筑物,成型灵活。

(3)可控制固结体形状。在施工中可调整旋喷速度和提升速度、增减喷射压力或更换喷嘴孔径改变流量,使固结体形成工程设计所需要的形状。

(4)可垂直、倾斜和水平喷射。通常在地面上进行垂直喷射注浆,但在隧道、矿山井巷、地下铁道等工程建设中,亦可采用倾斜和水平喷射注浆。

(5)耐久性较好。

(6)料源广阔。浆液以水泥为主体。在地下水流速快或含有腐蚀性元素、土的含水率大或固结体强度要求高的情况下,则可在水泥中掺入适量的外加剂,以达到速凝、高强、抗冻、耐蚀和浆液不沉淀等效果。

(7)设备简单。高压喷射注浆全套设备结构紧凑、体积小、机动性强、占地少,能在狭窄和低矮的空间施工。

(二)应用范围

1. 增加地基强度

(1)提高地基承载力,整治已有建筑物沉降和不均匀沉降的托换工程。

(2)减少建筑物沉降,加固持力层或软弱下卧层。

(3)加强盾构法和顶管法的后座,形成反力后座基础。

2. 挡土围堰及地下工程建设

(1)保护邻近建、构筑物。

(2)保护地下工程建设。

(3)防止基坑底部隆起。

3. 增大土的摩擦力和黏聚力

(1)防止小型坍方滑坡。

(2)锚固基础。

4. 减少振动、防止液化

(1)减少设备基础振动。

(2)防止砂土地基液化。

5. 降低土的含水率

(1)整治路基翻浆冒泥。

(2)防止地基冻融破坏。

6. 防渗帷幕

(1)河堤水池的防漏及坝基防渗。

(2)帷幕井筒。

(3)防止盾构和地下管道漏水漏气。

(4)地下连续墙补缺。

(5)防止涌砂冒水。

三、施 工 工 艺

1. 钻机就位

钻机安放在设计的孔位上并应保持垂直,施工时喷管的允许倾斜度不得大于1%。

2. 钻孔

单管旋壁常用76型旋转振动钻机,钻探可达30m以上,适用于标准贯入度小于40的砂土和黏性土层。当遇到比较坚硬的地层时宜用地质钻机钻进。一般在二重管法和三重管法施工中都采用地质钻机钻孔。钻孔的位置与设计位置的偏差不得大于50mm。

3. 插管

插管是将喷管插入地层预定的深度。使用76型振动钻机钻孔时,插管与钻孔两道工序合二为一。如用地质钻机钻孔完毕,必须拔出岩芯管,并换上旋喷管插入到预定深度。在插管过程中,为防止泥沙堵塞喷嘴,可边射水,边插管。水压力一般不超过1MPa。若压力过高,则易将孔壁射塌。

4. 喷射作业

当喷管插入预定深度后,由下而上进行喷射作业,使用的参数见表5-8。值班技术人员必须时刻注意检查浆液初凝时间、注浆流量、风量、压力、旋转提升速度等参数是否符合设计要求,并随时做好记录,绘制作业过程曲线。

当浆液初凝时间超过20h,应及时停止使用该水泥浆液(正常水灰比1:1,初凝时间为15h左右)。

5. 冲注

喷射施工完毕后,应把注浆管等机具设备冲洗干净,管内机内不得残存水泥浆。通常把浆换成水,在地面上喷射,以便把泥浆泵、注浆管和软管内的浆液全部排除。

6. 移动机具

将钻机等机具设备移到新孔位上。

常用高压喷射注浆参数 表5-8

常用高压喷射注浆的种类			单管法	二重管法	三重管法
适用的土质			砂土、黏性土、黄土、杂填土、小粒径砂砾		
浆液材料及其配方			以水泥为主要材料，加入不同外加剂后可具有速凝、早强、抗蚀、防冻等性能，常用水灰比1:1，亦可用化学材料		
常用高压喷射注浆参数值	水	压力(MPa)	—	—	20
		流量(L/min)	—	—	80~120
		喷嘴孔径(mm)及个数	—	—	$\phi2\sim\phi3$(1或2个)
	空气	压力(MPa)	—	0.7	0.7
		流量(L/min)	—	1~2	1~2
		喷嘴孔径(mm)及个数	—	1~2(1或2个)	1~2(1或2个)
	浆液	压力(MPa)	20	20	1~3
		流量(L/min)	80~120	80~120	80~120
		喷嘴孔径(mm)及个数	$\phi2\sim\phi3$(2个)	$\phi2\sim\phi3$(1或2个)	$\phi10$(2个)~$\phi14$(1个)
	注浆管外径(mm)		$\phi42$或$\phi45$	$\phi42$、$\phi50$、$\phi75$	$\phi75$或$\phi90$
	提升速度(cm/min)		20~25	约10	约10
	旋转速度(r/min)		约20	约10	约10

课题三 灌浆法

【工程实例5-3】

1. 软土路基的灌浆加固

广深线准高速铁路的既有线路路基中，樟木头地段软土路堑是最严重的三处之一。该地段软土厚3~7m，天然含水率w为31.4%~37.6%，孔隙比e为0.92~1.08，呈软塑至流塑状，含有较多的腐殖物。要求采用压浆处理加固地基，加固后地基强度不小于150kPa。加固深度自设计路基面到软土底面。钻孔按平面梅花形布置，孔距1.73m，排距1.5m。软土地区的压浆孔形式有两类：直孔，布置在路基侧面；斜孔，由路肩向线路中心线下斜钻孔，与水平面夹角分别为20°、45°、75°。

压浆材料采用体积比为1:0.5的水泥浆和水玻璃浆液的混合浆液。注浆次序总的原则是：以10~15m为一段进行施工，排序由外到内，孔序逐渐加密；斜孔注浆按20°—45°—75°次序进行。压浆时要控制好注浆压力，特别是斜孔注浆，如出现冒浆时，即暂停注浆或调整注浆压力。

2. 灌浆法提高桩基承载力

西南交通大学与郑州铁路局、铁道部第十五工程局等单位先后合作对北京—广州铁路线上新乡附近的三个大中桥钻孔桩基础和铁生沟煤矿专用线里沟大桥挖孔桩基础分别进行了试桩压浆效果研究，取得了显著成果。

钻孔桩试桩共4根(A、B、C、D桩)，设计桩径均为0.8m。A桩长30m，C桩长25m，都不压浆，用以提出不压浆桩的侧摩阻力和端阻力建议值，并同压浆桩比较。B桩、D桩长均为15m，B桩只在桩底压注水泥浆，D桩则先在桩侧、后在桩底压浆。

B 桩试验表明，桩底在中密细砂层内的端阻力 q_p 达 3 430kPa，是不压浆桩的 9 倍多，由于桩底压浆端部直径加大，截面积为原来的 2.15 倍，则压浆桩总端阻力 Q 为不压浆桩的 20 倍，如与按规范计算的普通钻孔桩端阻力相比，则增大倍数还要大得多，相当于桩尖爆扩桩的端阻力。这说明桩端压浆与桩尖爆扩两者有相似的压密地基土的效应。

试验还表明，桩端压浆后，桩下部的桩同土因受挤压而增大对桩的侧摩阻力 q，平均达 135kPa，是不压浆桩的 1.9 倍。

由于上述压浆效果，在砂土中桩端压浆后总承载力为不压浆桩的 3 倍，其中总端阻力占总承载力的比重由不压浆桩的 6.7% 猛增至 45%。

D 桩试验因桩侧也压浆，故侧摩阻力又比 B 桩增大 32.6%，但端阻力却比 B 桩小，故总承载力之比 B 桩大 10%，上述情况可能同 D 桩注浆稳定压力比 B 桩小得多有关。

在挖孔桩工程中，三根桩都在黄土粉质黏土层中，设计桩径为 0.5m，长均为 10m，A、B 两根桩都是底端压水泥浆，C 桩不压水泥浆。

试验结果是压浆桩承载力比不压浆桩增大 55.5%，其中桩侧单位摩阻力增大 25.4%，桩底单位端阻力增大 32%，因压浆桩底部扩大端横截面积增大到 2.5 倍，故总端阻力增大到 3.3 倍。原设计桥台基桩长 32m，因挖孔桩桩径 1.25m，施工不便，采用桩端压浆新工艺后桩长减为 20m。

一、概　　述

灌浆法是指利用液压、气压或电化学原理，通过注浆管将浆液均匀地注入地层中，浆液以填充、渗透和挤密等方式，使土颗粒间或岩石裂隙中的水分和空气排出，经人工控制一定时间后，浆液将原来松散的土粒或裂隙胶结成一个整体，形成一个结构新、强度大、防水性能高和化学性良好的结石体。

灌浆的主要目的有下列几方面。

(1)防渗：增加地基土的不透水性。防止流沙、钢板桩渗水、坝基漏水和隧道开挖时涌水，以及改善地下工程的开挖条件。

(2)防止桥墩和边坡护岸的冲刷。

(3)整治塌方滑坡、处理路基病害。

(4)加固、提高地基土的承载力，减少地基的沉降和不均匀沉降。

(5)进行托换技术，既有建筑物的地基加固与纠偏。

灌浆技术：

(1)水电建设中几乎每个坝址都要进行大规模防渗和加固灌浆，在其他土木工程建设如铁道、矿井、市政和地下工程等，灌浆法也占有十分重要的地位。它不仅在新建工程，而且在改建和扩建工程中都有其广泛的应用领域。实践证明，灌浆法确实是一门重要且颇有发展潜力的地基加固技术。

(2)可用的浆材品种越来越多，有些浆材通过改性使其缺点消除，正向理想浆材的方向发展。

(3)为解决特殊工程问题，化学浆材的发展提供了更加有效的手段，使灌浆法的总体水平得到提高。然而由于造价、毒性和环境污染等原因，国内外各类灌浆工程中仍是水泥系和水玻璃系浆材占主导地位，高价的有机化学浆材一般仅在特别重要的工程中，以及上述两类浆材不能可靠地解决问题的特殊条件下才使用。

(4)劈裂灌浆在国外已有30多年的历史,我国自20世纪70年代末在乌江渡坝基采用这类灌浆工艺建成有效的防渗帷幕后,也已取得明显的发展,尤其在软弱地基中,劈裂灌浆技术已越来越多地用作提高地基承载力和清除(或减少)沉降的手段。

(5)在一些比较发达的国家中,已较普遍地在灌浆施工中设立电子计算机监测系统,用来专门收集和处理诸如灌浆压力、浆液稠度和进浆量等重要数据,这不仅可使工作效率大大提高,还能更好地控制灌浆工序和了解灌浆过程本身,在勘探和灌浆施工中广泛地应用电子技术,正使灌浆法从一门"艺术"转变为一门"科学"。

(6)由于灌浆施工属隐蔽性作业,复杂的地层构造和裂隙系统难以模拟,故开展理论研究实为不易。与浆材品种的研究相比,国内外在灌浆理论方面都仍属比较薄弱的环节。

灌浆法的应用范围很广,适用于土木工程中的各个领域,如坝基、房基、道路和桥梁基础、地下建筑等。

二、施 工 工 艺

(一)灌浆材料

灌浆工程中所用的浆液是由主剂(原材料)、溶剂(水或其他溶剂)及各种外加剂混合而成。通常所提的灌浆材料是指浆液中所用的主剂。外加剂可根据在浆液中所起的作用,分为固化剂、催化剂、速凝剂、缓凝剂和悬浮剂等。

在灌浆工程中,水泥浆液用途最广和用量最大。其主要特点是灌浆形成的水泥复合体具有较好的物理力学性质和耐久性,无毒,材料来源又广,而且价格较低。在水泥浆液中应用最广的是普通硅酸盐水泥,在某些特殊条件下也采用矿渣水泥、火山灰水泥和抗硫酸盐水泥等品种。水泥浆液是颗粒型浆液,有时需要提高水泥颗粒细度,掺入各种附加剂以改善浆液性质,提高其可灌性、稳定性。有时为了节省材料,降低成本,在水泥浆液中掺入黏土、砂和粉煤灰等廉价材料。

化学浆液属于真溶液,其主要特点是初始黏度小,可灌入地基中小裂缝或孔隙;其缺点是造价高,而且不少化学溶液具有一定毒性,易造成环境污染,影响其推广使用。

(二)浆液材料选择要求

(1)浆液应是真溶液而不是悬浊液。浆液低黏度,流动性好,能进入细小裂缝。

(2)浆液凝胶时间可从几秒至几小时范围内随意调节,并能准确地控制,浆液一经发生凝胶就在瞬间完成。

(3)浆液的稳定性好,在常温常压下,长期存放不改变性质,不发生任何化学反应。

(4)浆液无毒无臭。对环境不污染,对人体无害,属非易爆物品。

(5)浆液应对注浆设备、管路、混凝土结构物、橡胶制品等无腐蚀性,并容易清洗。

(6)浆液固化时无收缩现象,固化后与岩石、混凝土等有一定黏结性。

(7)浆液结石体有一定抗压和抗拉强度,不龟裂,抗渗性能和防冲刷性能好。

(8)结石体耐老化性能好,能长期耐酸、碱、盐、生物细菌等腐蚀,且不受温度的影响。

(9)材料来源丰富、价格低廉。

(10)浆液配制方便,操作容易。

现有灌浆材料不可能同时满足上述要求,一种灌浆材料只能符合其中几项要求。因此,在施工中要根据具体情况选用某一种较为合适的灌浆材料。各种浆液材料的适用范围见表5-9。

表 5-9

各种浆液材料适用范围

类别	浆液名称	砾石			砂粒			粉粒	黏粒
		大	中	小	粗	中	细		
无机系	单液水泥浆	—	—	—	—				
	水泥黏土类	—	—	—	—				
	水泥—水玻璃类	—	—	—	—				
	水玻璃类	—	—	—	—	—	—		
有机系	丙烯酰胺类	—	—	—	—	—	—	—	
	铬木素类	—	—	—	—	—	—	—	
	脲醛树脂类	—	—	—	—	—	—		
	聚氨酯类	—	—	—	—	—	—	—	
	糖醛树脂类	—	—	—	—	—	—	—	
粒径（mm）		10	4	2	0.5	0.25	0.05	0.005	
渗透系数（cm/s）			10^{-1}	10^{-2}		10^{-3}	10^{-5}	10^{-6}	

(三)施工方法分类

注浆施工方法的分类主要有以下两种，见表5-10。

表 5-10

注浆施工方法分类表

注浆管设置方法			凝胶时间	混合方法
单层管注浆法	钻杆注浆法		中等	双液单系统
	过滤管(花管)注浆法			
双层管注浆法	双栓塞注浆法	套管法	长	单液单系统
		泥浆稳定土层法		
		双过滤器法		
	双层管钻杆法	DDS 法		短双液双系统
		LAG 法		
		MT 法		

1. 按注浆管设置方法分类

1)用钻孔方法

主要用于基岩或砂砾层，或已经压实过的地基。这种方法与其他方法相比，具有不使地基土扰动和可使用填塞器等优点，但一般的工程费用较高。

2)用打入方法

打入方法有以下三种：

(1)锤击法　搭建三脚架，用穿升心锤将注浆管逐节击入地基。注浆管口接一个“替打”以保护丝口，为防止注浆管偏斜，宜设导向装置。这种方法简单易行。

(2)压入法　利用钻机或静力触探压机将钻杆分节压入地基。这种方法可使注浆管保持良好的垂直度，工效高，但钻机和压力机都是非注浆专用设备，成本高，在遇到较厚砂层时，反力常嫌不足。

(3)振动法　一只电动机带动一偏心锤就组成一台振动器，将注浆管逐节振入地基。也可用空压机为动力，把空压枪的振动头用注浆管替代，把注浆管振动入地基。振动动力源的选取可以因地制宜。这种方法工效高,注浆管垂直度好,成本低,是目前使用最普遍的一种方法。

3)用喷注方法

在比较均质的砂层或注浆管打进困难的地方采用的方法。这种方法利用泥浆泵,设置用水喷射的注浆管,因容易把地基扰动,所以不是理想的方法。

2. 按灌注方法分类

1)一种溶液一个系统方式

将所有的材料放进同一箱子中,预先做好混合准备,再进行注浆,这适用凝胶时间较长的情况。

2)两种浆液一个系统方式

将A溶液和B溶液预先分别装在不同的箱子中,分别用泵输送,在注浆管的头部使两种溶液汇合。这种在浆管中混合进行灌浆的方法,适用于凝胶时间较短的情况。对于两种溶液,可按等量配合或按比例配合。

作为这种方式的变化,有的方法分别将准备在不同箱子中的A溶液和B溶液送往泵中前使之混合,再用一台泵灌注。另外,也有不用Y形管,而仍只用上述一个系统方式将A溶液和B溶液交替注浆的方式。

3)两种溶液两个系统方式

将A溶液和B溶液分别准备放在不同的箱子中,用不同的泵输送,在注浆管(并列管、双层管)顶端流出的瞬间,两种溶液汇合而注浆。这种方法适用于凝胶时间较短的情况。

也有采用在灌注A溶液后,继续灌注B溶液的方法。

3. 按注浆方法分类

1)钻杆注浆法

钻杆注浆施工法是把注浆用的钻杆(单管),由钻孔钻到所规定的深度后,把注浆材料通过内管送入地层中的一种方法。钻孔达到规定深度后的注浆点称为注浆起点。在这种情况下,注浆材料在进入钻孔前,先将A、B两液混合,随着化学反应的进行,黏度逐渐升高,并在地基内凝胶。

钻杆注浆法的优点是:与其他注浆法比较,容易操作,施工费用较低。其缺点是:浆液沿钻杆和钻孔的间隙容易往地表喷浆,浆液喷射方向受到限制,即为垂直单一的方向。

2)单过滤管注浆法

单过滤管(花管)注浆法先把过滤管先设置在钻好的地层中,并填以砂,管与地层间所产生的间隙(从地表到注浆位置)用填充物(黏性土或注浆材料等)封闭,不使浆液溢出地表。一般从上往下依次进行注浆。每注完一段,用水将管内的砂冲洗出后,反复上述操作。这样逐段往下注浆的方法,比钻杆注浆方法的可靠性高。

复习思考题

1. 试比较水泥搅拌桩施工工艺中的湿法和干法。
2. 简述水泥浆液搅拌法(湿法)的施工工艺。
3. 简述高压喷射注浆法的工程应用范围。
4. 高压喷射注浆法有什么优点?
5. 采用灌浆法处理软弱地基,对浆液材料有什么要求?
6. 注浆施工方法分哪几类?各有何特点?

单元六　加　筋　法

课题一　概　　述

加筋法(Soil Reinforcement)是指在软弱土层(如人工填土的路堤)中放入能承受拉力的加筋材料,如土工合成材料、竹筋、钢条、钢带、尼龙绳等,组合形成人工复合土体,利用土颗粒与拉筋之间的摩擦力使它们形成一个整体,产生整体化了的强度,起到可承受抗拉、抗剪、抗压或抗弯的作用,从而提高地基承载力、减少沉降和增加地基的稳定性。原本土的抗拉能力低,甚至为零,抗剪强度也有限。在土体中放置加筋材料,构成了土—筋材复合体,当受外力作用时,将会产生体变,引起加筋材料与其周围土之间的相对位移趋势,但两种材料之界面上有摩阻力(和咬合力),限制了土的侧向位移,等效于给土体施加了一个侧压力增量,使土的强度和承载力均有提高。加筋材料如图6-1所示。

图 6-1　加筋材料

土工合成材料是20世纪50年代末兴起的,以合成纤维、塑料、合成橡胶等高分子聚合物为原料制成的新型材料(geosynthetics)。根据制造工艺及应用功能的不同,可分为土工织物(geotextile)、土工膜(geomembrane)、土工复合材料(geocomposite)和土工特种材料四大类型,主要功能为加筋、隔离、反滤、排水、防渗、防护等。土工合成材料已在遍及交通、水利、城建、港工、林业、农垦、国防等各个方面的岩土工程中得到应用。我国的研究和应用起步较晚,但发展非常迅速,在公路软基处理、路堤加筋、边坡防护以及排水、沥青路面增强诸领域均有广泛的应用。

非织造型土工织物(一般简称无纺织物)的应用,开始于20世纪80年代初期。铁路部门曾布置了几十个试验路段,利用无纺织物防止基床的翻浆冒泥,成功率达90%以上。80年代中期以后,针刺型无纺织物在水利工程中的应用更为迅速,涉及尾矿坝、水坠坝、港口、码头、海岸护坡以及地基处理等工程。另外,加固软土地基的塑料排水带(板),自1981~1983年在天津新港试用以后,已成功应用于港口码头、高速公路、电厂厂房、飞机场、铁路等工程;浇筑混凝土用的化纤模袋、塑料低压输水管道,以及合成橡胶、塑料锚杆、塑料条带、泡沫塑料、土工网、土工格栅等,也已在我国土建工程中应用,其中尤以土工网和土工格栅在20世纪90年代后期发展较快。

课题二　土工合成材料的种类和基本特征

一、土工合成材料的种类

土工合成材料是岩土工程领域中的一种新型材料，是由聚合物形成纤维制品的总称。合成纤维是以煤、石油、天然气等作为原料，经过化学加工而成为高分子聚合物，再经过机械加工制成纤维、条带、网格、薄膜等。纤维又分短丝、连续长丝（直径一般为 20 ~ 40μm，即 0.02 ~ 0.04mm）、条丝、单丝、多股丝、纺纤、各种纱线等。土工合成材料可分为土工织物、土工膜、土工复合材料和土工特种材料四大类，如图 6-2 所示。

- 土工合成材料
  - 土工织物
    - 织造
      - 针刺（含编织）
      - 针织
    - 非织造（无纺）
      - 针刺
      - 热黏结
      - 化学黏结
  - 土工膜
  - 土工复合材料
    - 复合土工膜
    - 复合土工织物
    - 复合防排水材料：排水带、排水管等
  - 土工特种材料
    - 土工格栅、土工带、土工格室、土工网、土工膜袋、土工网垫、土工织物膨胀土垫（GCL）、聚苯乙烯板块（EPS）等

图 6-2　土工合成材料的种类

二、土工合成材料的功能与应用

土工合成材料的功能是多方面的，综合起来，可以概括为过滤、排水、隔离、加筋、防渗和防护六种基本功能。

1. 加筋作用

在地基处理方面主要是利用土工合成材料的加筋作用。即利用埋在土体之中的土工合成材料的高强度、高韧性等力学性能，扩散土体的应力，增加土体的模量，传递拉应力，限制土体侧向位移，以及增加土体和其他材料之间的摩阻力，提高土体的稳定性等。

在软基处理中，可用于：加强软弱地基，同时起隔离与过滤的作用；加强填土或开挖陡坡的边坡稳定性；用作挡土墙回填土中的加筋，或锚固挡土墙的面板；修筑包裹式挡土墙或桥台；复合地基的柔性承台，以保证垫层能最大发挥作用；以及加固柔性路面，防止反射裂缝的发展等。

2. 过滤作用

土工合成材料作为过滤层，其作用和传统的砂砾石滤层一样，可以有效地阻止土颗粒通过，从而防止由于土颗粒的过量流失而造成土体的破坏。同时允许土中的水或气体穿过织物自由排出，以免由于孔隙水压力的升高而造成土体的失稳等不利后果。

土工合成材料滤层的工作机理研究表明，多数土工织物在单向渗流的情况下，初期紧贴土工织物的土体中细粒逐渐向滤层移动，同时还有部分细粒通过土工织物被带走，遗留下的较粗颗粒，与滤层相邻的一定厚度的土层逐渐自然形成一个反滤带和一层骨架网，阻止土粒的继续

流失。土工织物与其相接触的部分土层共同形成一个完整的反滤体系统。

具有相同孔径的无纺土工聚合物和砂的渗透性大致相同,但土工聚合物的孔隙率比砂高得多。土工聚合物的密度约为砂的1/10,因而当土工聚合物与砂具有相同的过滤特征时,则所需土工聚合物质量比砂少90%。

土工合成材料的过滤作用主要是防止排除地表水、地下水和土层孔隙水过程中,土体颗粒随水排出。在软基处理中,可用于各种排水体的滤层、排水系统的滤层,以及排水暗管周边或碎石排水暗沟周边的滤层。

3. 排水作用

排水作用是土工合成材料的主要功能。有些土工合成材料具有良好的三维透水性,可与其他排水材料如粗粒料、排水管、塑料排水板等共同构成排水系统或深层排水井,在土体中形成排水通道,把土中的水分汇集起来,沿着材料的平面排出体外。较厚的针刺型无纺织物和某些塑料排水管道或具有较多孔隙的复合型土工合成材料都可以起排水作用。

在软基处理中,可用于地基中垂直排水(塑料排水带或袋装砂井)、埋入土体中(如水力冲填坝中)消散孔隙水压力、土堤中的防渗土工膜后面或混凝土护面下部的排水、挡土墙后面的排水。另外,在真空—堆载预压法中还可起传递真空荷载的作用。

4. 隔离作用

一般道路工程修建完毕后就开始使用,由于荷载压力和雨水的作用,路基、路床材料和一般材料都可能混合在一起,使原设计的强度、排水和过滤功能减弱。这时可利用土工合成材料如土工织物、土工膜等把两种不同粒径的土、砂、石料,或把土、砂、石料与地基或其他建筑物隔离开来,以免相互混杂,失去各种材料和结构的完整性,或发生土粒流失现象。隔离作用的原理是依靠土工合成材料的高抗拉、抗顶穿及抗撕裂强度、整体连续性、广泛的柔韧性,以及良好的耐酸碱、生物侵蚀性等特性,以适应受力变形和各种环境变化的影响。另外,用于隔离作用的土工合成材料,其渗透性应大于被隔离土的渗透性,以防被堵塞,在有动荷载条件下还要具备足够的耐磨性。当被隔离体的材料或土层之间无水流作用时,不透水土工聚合膜同样可起到隔离的作用。

5. 防渗作用

有些土工合成材料如土工膜和复合型土工合成材料等具有很低的渗透性,可以防止液体的渗漏、气体的挥发,可用于保护环境等。

6. 防护作用

多种土工合成材料可以起防护作用,在软基处理中,可用于防止真空膜的破损,维持真空度;防止边坡水土流失,促进植物生长;防止吹填路堤的砂土流失,以及对环境的污染等。另外,有些起加筋、隔离、防渗和过滤作用的土工合成材料亦起防护作用。

在实际应用中,土工合成材料的几种作用往往是组合利用的,以有效解决各种各样的软基处理问题。

三、土工合成材料的特性

(一)土工合成材料的性能指标

1. 物理性能

单位面积质量、厚度(及其与法向压力关系)、材料相对密度、孔径等。

2. 力学性能

条带拉伸、握持拉伸、撕裂、顶破、CBR 顶破、刺破、直剪摩擦、拉拔摩擦、蠕变等。

3. 水力学性能

垂直渗透系数、平面渗透系数、淤堵、防水性等。

4. 耐久性能

抗紫外线能力、化学稳定性和生物稳定性等。

(二)土工合成材料的基本特性

土工织物突出的优点是:质量轻,整体连续性好(可做成较大面积的整体,目前在长度上可特制成数百米到上千米长),施工方便,抗拉拔强度较高,耐腐蚀性和抗微生物侵蚀性好;机织型的当量孔隙直径小,渗滤性好,质地柔软,能与土很好的结合。缺点同其原材料一样,未经特殊处理抗紫外线能力低,如暴露受到紫外线(日光)直接照射容易老化;但如不直接暴露,抗老化及耐久性仍是较高的。土工织物的性能与其聚合物原料、土工织物的类型及加工制造方法密切相关。

1. 物理特性

1)厚度

土工织物一般厚 0.1 ~ 0.5mm,最厚的可达 10mm 以上;土工膜一般厚度为 2.25 ~ 0.75 mm,最厚可达 2 ~ 4mm;土工格栅的厚度随部位的不同而异,其肋厚一般为 0.5 ~ 5mm。

2)单位面积质量

常用的土工织物和土工膜单位面积质量一般在 50 ~ 1200g/m^2 范围内。

3)开孔尺寸

开孔尺寸亦即等效孔径,土工织物一般为 0.05 ~ 1.0mm,土工垫为 5 ~ 10mm,土工网及土工格栅为 5 ~ 100mm。

2. 力学特性

1)抗拉强度

土工合成材料是柔性材料,主要通过抗拉强度来承受荷载,以发挥其工程作用。因此,抗拉强度及其应变是土工合成材料的主要特性指标。由于土工合成材料在受力过程中厚度是变化的,故受力大小一般以单位宽度所承受的力来表示。常用的无纺型土工织物抗拉强度为 10 ~ 30kN/m,高强度的为 30 ~ 100kN/m;常用的有纺型土工织物为 20 ~ 50kN/m,高强度的为 50 ~ 100kN/m,特高强度的编织物为 100 ~ 1 000kN/m;一般的土工格栅为 30 ~ 200kN/m,高强度的为 200 ~ 400kN/m。

2)渗透性

土工合成材料的渗透性是其重要的水力学特性之一。根据工程应用的需要,常要确定垂直于和平行于合成材料平面的渗透系数。土工织物的渗透系数为 $8 \times 10^{-4} \sim 5 \times 10^{-1}$cm/s,其中无纺型土工织物的渗透系数为 $4 \times 10^{-4} \sim 5 \times 10^{-1}$cm/s;土工膜的渗透系数为 $T \times 10^{-10} \sim T \times 10^{-11}$cm/s($T$ 为 1 ~ 9 之间的数)。

3)剪切摩擦

土工合成材料在外荷载及土体自重作用下变形时,将会沿其界面发生与周围土体间的相互剪切摩擦作用。根据剪切摩擦试验,土与土工聚合物之间的黏结力一般很小,通常可略去不计。土与土工合成材料之间的摩擦角与土的颗粒大小、形状、密实度和土工合成材料的种类、孔径以及厚度等因素有关。对于细粒土以及疏松的中砂等,其与合成材料之间的摩擦角大致接近土的内摩擦角;对于粗粒土以及密实的中细砂等,其与合成材料之间的摩擦角一般小于土的内摩擦角。

另外,蠕变特性、撕裂强度(反映土工合成材料抵抗撕裂的能力)、顶破强度(反映其抵抗带有棱角的块石或树杆刺破的能力)、穿透强度(模拟具有尖角的石块或带尖角的工具跌落在其上的破坏情况)、握持抗拉强度(反映其分散集中荷载的能力)和抗老化能力(包括紫外线、温度的敏感性、抗化学和生物腐蚀)等,也是土工合成材料的重要力学特性。

课题三　设计原理和施工工艺

一、设计程序和设计原则

1. 设计程序

应用土工合成材料的工程,其设计程序与其他土木工程的设计程序一样,包括:

(1)确定范围和目标。

(2)勘察查明场地的工程地质条件。

(3)确定设计方案,包括几个对比方案。

(4)建立分析模型计算方法和确定设计参数。

(5)进行分析。

(6)根据经济和施工可行性,比选并确定最佳方案。

(7)做出详细设计。

(8)施工检测。

2. 设计原则

(1)从工程整体出发,合理确定铺放位置、范围和与其他部件的连接等。

(2)按有关标准的规定测试土工合成材料的技术指标,对重要工程尚应进行现场试验。

(3)按土工合成材料的主要功能设计。

(4)根据工程应用条件确定设计安全系数。

(5)提出土工合成材料的施工防护措施。

(6)根据工程需要确定原位观测项目。

(7)设计时应进行验算,保证工程整体稳定性满足要求。

二、设 计 原 理

1. 应用土工织物反滤的设计

土工织物反滤的设计,首先要符合反滤条件的标准,即满足保土、透水和防止淤堵三项条件。另外还必须考虑隔离、平面排水和补强加固作用的要求,以便保证其反滤层的稳定、连续和正常工作,从而达到预期的效果。

实际上土工聚合物作为滤层的效果,受到材料的特性、保护土性质和地下水条件的相互作用影响。所以在设计土工聚合物为滤层时,应根据过滤层所处的环境条件,把土工聚合物和所保护的土体的物理力学性质结合起来考虑。经过许多试验研究,提出了多种设计准则,这里给出两个规范规定。

1)《公路土工合成材料应用技术规范》(JTJ/T 019—98)的规定

(1)保土要求:

$$O_{95} \leqslant d_{85} \qquad (<0.075\text{mm 颗粒含量少于 }50\%) \tag{6-1}$$

$$O_{95} \leqslant 0.21(\text{mm}) \qquad (<0.075\text{mm 颗粒含量多于 }50\%) \tag{6-2}$$

式中:O_{95}——土工织物的等效孔径(mm);

d_{85}——被保护土的特征粒径(mm)。

(2)保证透水性:

$$K_G > 10k_s \tag{6-3}$$

式中:K_G,k_s——土工织物、被保护土的渗透系数。

(3)防止淤堵:

$$GR = i_1/i_2 \leqslant 3 \tag{6-4}$$

式中:GR——梯度比;

i_1,i_2——被保护土侧、另外一侧的水力梯度。

2)《水利水电工程土工合成材料应用技术规范》(SL/T 225—98)对土工织物反滤的要求

(1)保土要求:

$$O_{95} \leqslant nd_{85} \tag{6-5}$$

式中:n——经验系数,一般取 1~2。

(2)保证透水性:

①被保护土级配良好,水力梯度低,预计不致发生淤堵时

$$K_G \geqslant k_s \tag{6-6}$$

②排水失效,导致土结构破坏,修理费用高,流态复杂时

$$K_G \geqslant 10k_s \tag{6-7}$$

(3)防止淤堵:

① 被保护土级配良好,水力梯度低,流态稳定,修理费用少及不易发生淤堵时

$$O_{95} \geqslant 3d_{15} \tag{6-8}$$

式中:d_{15}——被保护土的特征粒径,即土中小于该粒径的土质量占总质量的 15%(mm)。

②被保护土易管涌,具有分散性,水力梯度高,流态杂,修理费用大,当被保护土的渗透系数 $k_s \geqslant 10^{-5}$cm/s 时,

$$GR \leqslant 3 \tag{6-9}$$

当被保护土的渗透系数 $k_s < 10^{-5}$cm/s 时,以现场土料进行长期淤堵试验,观测其淤堵情况确定。另外,当与土工织物滤料接触的土料为黏性土,且黏料含量超过 50% 时,作为预防措施,最好在纤维与土层间铺设 15cm 砂垫层,以避免孔隙被堵塞。

2. 应用土工合成材料补强地基的设计

利用土工合成材料的高强度、韧性等力学性能,分散荷载,增大土体的刚度模量,改善土体(或加筋土)及各种复合土工结构的受力性能。土工合成材料用于地基加固补强的常用材料为土工格栅、土工格网以及土工布等。土工格栅、土工格网等筋材的作用机理与土工布有相似之处,即它们都可以通过与土体的摩擦方式发挥自身的抗拉强度;同时又有很大区别,土工格栅、土工格网具有一定的开孔率,通过与土体颗粒以及其他粒状填料之间的嵌锁与咬合作用来发挥性能。这使得这种材料总体优于土工布类材料,而且还克服了土工布类材料分隔了土体、

不能充分发挥土体自身抗剪强度的弱点。

1)设计之前应估计的三种可能的破坏形式

(1)侧向挤出或滑动破坏。

(2)转动破坏。

(3)局部支承破坏。

2)选择土工合成材料

一般要注意选用高强度、低延伸率(高模量及工作时延伸率不大于4% ~5%)、低蠕变性的,并考虑其单向抗拉强度、湿强度、实际工程条件下的抗腐蚀及抗紫外线能力等。

3)分析计算

主要是计算沿垫层需要筋材提供拉力的大小和分布,要求由加筋提供的拉应力必须保证其稳定性。

在设计加筋时,一定要注意土与加筋材料之间的相互作用,加筋材料自身具有的表面糙度、开孔率及其与土体间的机械咬合作用是发挥其与土体界面相互作用的重要因素。加筋材料与土体间的这种嵌锁和摩擦作用使土体具有较高的抗剪强度和张拉模量,对荷载起均匀扩散传递作用,能将荷载应力均匀地扩散到较大的面积范围内,大大减小了作用于地基上的荷载作用力,同时能控制不均匀沉降,减少总沉降量。为与无加筋情况下的设计一致,必须保证加筋在承受可能的最大力下不发生破坏和整体联结不足。

以膨胀土路堤边坡分层加筋为例介绍计算方法。

(1)确定加筋筋材所需的总应力

$$T = 0.5S_LKH\gamma \tag{6-10}$$

式中:T——加筋筋材所需的总拉力(kN);

S_L——安全系数,一般采用1.5;

H——膨胀土路堤高度(m);

γ——路堤填土重度(kN/m^3);

K——水平力系数。

按上式计算结果与浅层坍滑计算所得推力进行校核,取其最大值作为设计依据。

(2)加筋材料的选择。可选用土工格网或其他筋材。

(3)计算膨胀土路基加筋层数

$$T_f = T/n \tag{6-11}$$

式中:T_f——要求每层加筋筋材具有的平均抗拉力(kN);

n——膨胀土路堤加筋层数;

T——加筋筋材所需的总拉力(kN)。

要求每层加筋材料的容许抗拉强度大于每层需要的拉力,并根据膨胀土路堤高度(H)求出相邻加筋筋材的垂直间距 d。设计时可按不同加筋层的受力情况和施工条件,对层间距(垂直间距)作适当调整。

(4)加筋筋材长度确定。每层加筋筋材长度是由破裂面以内滑体的水平宽度 L_a 和破裂面以外锚固长度 L_b 之和组成的。L_b可由下式计算:

$$L_b = \frac{S_pK_ad_z}{2\tan\varphi_s} \tag{6-12}$$

式中:S_p——加筋筋材抗拔安全系数,一般取3.0;

K_a——主动土压力系数；

d_z——加筋筋材层与层之间的垂直间距(m)；

φ_s——加筋筋材与周围土间的摩擦角(°)。

根据国内外实践经验，当膨胀土路堤边坡高度 H 在 0.8m 以内，路基底无地质突变，加筋材长度 $L \geqslant 2.5$m，层间距 $d_z = 0.4$m，可以满足路堤内部稳定要求；当 $H = 8 \sim 12$m，填料位中强膨胀土，路基底无地质不良时，筋材长度 L 要达到 4.0 ~ 6.0m，才能满足稳定要求。

三、施 工 工 艺

土工合成材料的工程施工除了应遵守常规的施工程序和规定外，还应考虑铺设土工合成材料施工的特别要求。土工合成材料的铺设施工随着工程的不同，可以使用各种各样的施工方法和机具，但均应注意土工合成材料的有效性与施工方法的适用性，必须精心施工，确保软土地基经处理后的强度和稳定性。

保证土工合成材料在铺设过程中的整体性，如果有间断，必须注意土工合成材料的连接。当一块土工合成材料需要与另一块连接时，可采用搭接、缝接、U 形钉连接、黏结或焊接等方法，对于土工织物一般多用搭接法和缝接法。采用搭接法时，在搭接处应尽量避免受力，以防止土工合成材料移动。采用缝接法，缝接处的强度可达到纤维强度的80%，基本上能满足要求。

下面介绍软弱地基加筋施工工艺(图6-3)：

图6-3 加筋土的施工

地基加筋法就是在填筑堤坝之前先在软弱地基表面铺设砂层，在砂垫层间平铺一层或多层土工合成材料，如土工织物、土工栅格，有时为增大垫层刚度铺设土工格室等。土工合成材料既与砂层共同提供了软土排水面，又使填土保持整体性，均化应力，提高地基承载力，增大填筑高度，且施工方便。加筋法有时可与其他措施如碎石桩或垂直排水法等综合应用。

施工程序对软弱地基上加筋效果十分关键，工序不当，会使筋材破坏，引起地基不均匀沉降，甚至造成堤坝失事。施工时应重点注意下列各点：

(1)在准备场地过程中，应砍除树木，整平地面。

(2)铺设筋材时应注意：

①筋材要求幅宽尽量大，长度要能满足大于堤底宽加上回折长且无接缝。

②筋材强度大的方向应垂直于路堤轴线，平顺展铺；拉紧勿使皱褶，常需在其上及时压重或设固定钉，防止筋材被风吹掀起。

③筋材铺好后，尽快填土，例如不超过48h。填土前检查有无损伤如孔洞、撕裂等情况，如有损伤应及时补救。

④筋补救方法，对大面积破坏应割除裂缝另铺新材，小裂缝、孔洞则缝补上一块新材。

课题四　效果检验和工程实例

一、效果检验

各工序完成后，应进行分项工程中间检查验收，并提交实测记录资料。经检查验收合格后方可进行下道工序；凡不合格的部分，必须进行补救或返工。质量检验项目及标准，适用于中间验收及交竣工验收。

二、工程实例

【工程实例6-1】 深圳市某道路原为水泥混凝土路面，全长320m，于1984年建成通车。经过13年的行车，发现路面部分出现裂缝、麻面、脱皮等现象。为改善行车条件，提高路面平整度和抗磨耗能力，以适应交通发展的需要，经方案比较，决定采用"土工织物应力吸收层"修建复合式路面。工程于1997年完成。

要铺好复合式路面并不是一件容易的事，它涉及以下几项关键技术：一是反射裂缝；二是与水泥路面的黏结；三是面层沥青混凝土的整体稳定性；四是施工工艺。核心问题是防止产生反射裂缝。

1. 土工织物的进择

防治沥青路面裂缝，要求织物具有以下性质：①与沥青混凝土咬合牢固，集料嵌入网孔中；②不宜太厚，不宜受压力后压缩变薄，以免沥青混凝土裂缝；③能在170~145℃的沥青混凝土浇筑温度下不发脆不收缩；④有较高的抗拉强度。因此应该选择聚酯、聚丙烯及玻纤产品。网孔应为集料最大粒径的0.5~1.0倍。土工网或土工织物单位面积质量不大于200g/m²，抗拉强度不小于8kN/m，极限拉伸率为20%左右。玻纤网网孔12mm×12mm~20mm×20mm，抗拉强度不小于50kN/m，极限拉伸率不大于3%。达到上述要求的土工网、织成品土工织物或玻纤网都可以应用。

2. 原混凝土路面处治方案

如图6-4所示，原混凝土路面分块的伸缩缝用沥青碎石填实。该工程选用Trevha聚酯长纤非织针刺土工织物，单位面积质量为140g/m²，软化点为240℃，抗拉强度经向8kN/m、纬向5.6kN/m，极限拉伸率经向65%、纬向75%。这种织物极限拉伸率太大，不符合我国《公路土工合成材料应用技术规范》(JTJ/T 019—98)的要求。

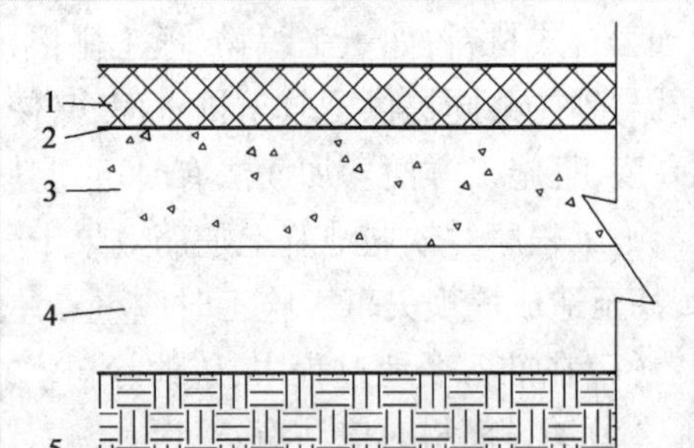

图6-4　老混凝土路面改建为沥青混凝土路面方案
1-4cm沥青混凝土路面；2-土工织物；3-24cm老混凝土；4-25cm水泥石粉渣；5-压实路基

3. 施工

1）准备工作

(1)清扫路面，除去灰尘杂草等，清除裂缝中的杂物。

(2)用填缝材料堵塞裂缝。

(3)用冷拌或热拌沥青混合料填入大裂缝和破坑,并用振动碾振捣压实。

(4)铲除尖锐、突出部分。

2)喷洒黏层油

用计量分布器在准备好的混凝土路面上喷洒一层0.9~1.3L/m^2的均匀底层沥青。注意以下几点:①喷洒沥青横向范围比土工织物宽5~7cm;②为了喷洒均匀平整,沥青温度应在150~170℃之间;③如用乳化沥青,温度不得高于70℃;④如用乳化沥青,喷洒量以含沥青量计算,使之达到所需沥青量。

3)展铺土工织物

可以人工铺或机器铺,注意以下几点:①使用热沥青时,土工织物要随黏层的喷洒而同时展开;②当使用乳化沥青时,在土工织物展开前要掌握养护时间;③必须避免弯折;④纵向及横向搭接宽度:10~15cm,搭接部分黏结料用量须为0.4L/m^2热沥青;⑤雨后铺沥青路面会形成气泡砂眼,使土工织物分离,如果发生这种情形,要用橡皮碾,使土工织物与黏结材料之间完全恢复黏合;⑥如果在铺放土工织物后很快要行驶车辆,则在使用道路之前,可铺放一层约1kg/m^2的砂以防止过多泛油,在铺土工织物前要将砂移去。

4)铺设沥青混凝土路面

在土工织物展铺之后,可立即按计算要求铺筑沥青混凝土路面,沥青混凝土路面一般厚度为7cm左右。施工方法与一般沥青混凝土路面施工方法相同。该道路处于交通繁忙地段,采用土工织物沥青混凝土复合路面缩短了工期,节省了投资,延长了道路使用寿命。

【工程实例6-2】 在英国Norfork,应用土工栅格修建路堤,总高度为7.5m或8.0m,线路所经之处地势很低,有一片沼泽。过去在此修建的道路,曾遇到地基破坏,长期停工,预计建堤后会发生较大沉降与失稳,为此,这次新建考虑了几种加固方案:①对路堤加筋;②在地基中埋设排水塑料带;③路堤上超载预压。通过建试验路堤段,改变了设计思路,即采用土工织物和土工栅格,并以土工栅格为主。

将加筋材料放在路堤底部,包裹粗砂砾层,形成一个自由排水加筋垫层,以提高路堤底部刚度,减少侧向位移和控制竣工后地基的不均匀沉降。

(一)地基土层简述

整个软弱层厚约22m,为软或很软的有机黏土和淤泥,其中夹有泥炭层;表层土或原路基填土之下为软与很软的深灰色黏土和淤泥,有许多仅0.5mm厚的细砂层;此层以下大约到7m深处为硬深棕色泥炭;再往下为极软的有机质含量高的黑灰黏土,越往下有机质含量越少,而粉粒含量则越多。

(二)设计与布置

该工程中对于较高的路堤铺设三层土工栅格,对于较低的路堤则铺设两层。另外,在地基中还设置了竖向塑料排水带,以加速地基的固结。

施工时,先清理场地,然后铺0.3m厚的粗砂砾工作层。为改善地基土质条件和限制其侧向位移,填土两侧挖了深为1m的坡趾沟,沟内铺栅格衬,填充粒料土,在两沟之间设置最下面的土工栅格。在最底层的土工栅格上填粒料土500mm厚,再铺设第二层土工栅格,并且在路堤两侧,将两层栅格连接起来。对于铺设第三层土工栅格的路段,第二、三层的竖向间距设为1m,其间为路基填土,第三层土工栅格与其下面二层不相连。

（三）粒料土底部垫层的施工

先用挖沟机开挖两侧沟槽，沟内衬以土工栅格，再填粒状土，沟两侧的栅格预留露头。两沟之间纵向铺栅格，使与沟内侧格栅缝接，此即第一层格栅，其上填500mm厚的粒料土，接着铺设第二层栅格，其边缘与沟外露出的格栅缝接，缝接前将栅格尽量拉紧，这样就形成了底部透水层。然后从侧沟部位开始向中间填土，压实。从第二层格栅往上填土高达1m时，铺设第三层格栅。往后填土岸按每周1m的速度上升，只有当孔隙水压力达临界值时，才中途停歇。

在接头处和转弯处，均特别考虑了格栅的合理布置，包括：①使格栅最大强度方向与受最大应力方向一致；②避免浪费；③格栅的切割量与缝接量；④沟内曲线处铺设的困难。

（四）工程效果

该工程自完工后，已初步看出土工格栅加固效果十分明显，车辙深度已从以往的200～300mm减少到50mm。有一处在铺格栅前，地基不能承受起重机，铺格栅填土后即能安全承载。路堤在填土时的沉降量小于预计值。

复习思考题

1. 简述加筋法的优缺点。
2. 加筋土的筋材有哪些？如何选用？
3. 加筋土施工中要注意什么？
4. 在土中加入筋材的目的是什么？

单元七 特殊地基处理

随着我国城市化和工业化进程的快速发展，人类的生活水平不断提高，土地的需求日益上涨，人们不得不在各种复杂和软弱地基上开展工程建设，因此正确认识各种特殊土的工程特性就显得尤为重要，该问题已受到土木工程师的极大关注。我国幅员辽阔，具有较为复杂的工程地质条件，在进行土木工程建设过程中，了解各特殊土的成因、工程特性以及适宜的地基处理方法对安全、科学、经济地完成建设项目具有重要意义。本单元对湿陷性黄土、多年冻土、膨胀土以及岩溶地基的工程特性进行总结，并结合工程实际提出相应的地基处理方法。

课题一 湿陷性黄土地基处理

黄土是一种第四纪沉淀物，具有一系列内部物质成分和外部形态特征，不同于同时期的其他沉淀物。同时，在地理分布上也不同于其他沉积物，而分布于一定的自然地理区域中，有一定的规律性。

黄土在一定压力（自重压力或自重压力与附加压力）下受水浸湿后结构迅速破坏而发生显著附加下沉现象，称为湿陷。浸水后产生湿陷的黄土称为湿陷性黄土。但是并不是所有的黄土都具有湿陷性。

我国湿陷性黄土的分布面积约占我国黄土总面积的60%以上，主要分布在北纬34°～45°、东经102°～114°之间的黄河中游地区。

一、黄土地区公路的主要病害

1. 路基变形

由于黄土的空隙比大，大空隙和垂直裂隙发育，渗透性好，因此一旦被水浸润，就会使路基产生变形，表现在：

（1）路堤下沉。黄土地基因沉陷产生的工后下沉，是路基特别是高路堤较普遍的严重病害，它常在地形表面为椭圆形或圆形的碟形沉陷坑。这种病害常见于自重湿陷性黄土分布的较平坦的塬、墚及高阶地上。湿陷范围内的道路、桥梁、挡墙及其他建筑物随之下沉、变形、开裂。

（2）黄土陷穴。黄土陷穴是黄土经水的冲蚀和溶蚀形成的暗沟、暗洞和暗穴等的统称。随着陷穴的进一步发育或因道路填土及车辆荷载的作用，陷穴塌陷，致使其上的道路桥梁、挡墙等遭受破坏。

2. 边坡破坏

（1）坡面冲刷与滑塌。用黄土填筑的高路堤易受雨水冲刷，形成沟槽，或因浸水崩解发生滑塌。

（2）路堑边坡的崩塌与滑坡。

二、处 理 原 则

1. 路堤

(1)严格控制压实标准,保证碾压质量。

(2)考虑地基的下沉量,预留工后沉降及加宽值,预留沉降可按填土高度的1% ~2%估算。

(3)对高路堤边坡设计时应进行稳定性验算,必要时对坡面进行防护。

2. 路堑

(1)路堑边坡设计应考虑边坡高度、黄土类型、土质情况及当地降水特点等,采用适宜的边坡形式及坡率,当边坡高度大于30m时,应进行个别设计。

(2)路堑边坡的稳定性验算,当存在有裂隙时,宜按裂隙法进行力学计算。

(3)边坡的防护与加固需采用适宜的措施,如坡面拍实、种草或灌木、片石护坡等。

3. 路基排水、防冲、防渗

(1)除应按照一般地区的路基进行防、排水设计和施工外,还应遵循迅速引离、分散径流、降低流速、加固沟渠的原则。

(2)在路基坡脚外20 ~30m范围内,应整平地表,对积水洼地和裂缝填平、夯实。

三、处 理 方 法

选择地基处理方法,应根据构造物的类别、湿陷性黄土的特征、施工条件和当地材料,并经综合技术经济比较后确定。常用的处理方法有:垫层法、动力夯实法、挤密桩法、桩基础、预浸水法和碱液加固法或单液硅化等。

在雨季、冬季选择垫层法、动力夯实法和挤密桩法处理地基时,施工期间应采取防雨、防冻措施,并应防止水流流入基坑内。

(一)垫层法

垫层法可分为局部垫层和整片垫层。在湿陷性黄土地基上设置土垫层是我国一种传统的地基处理方法,已有近两千历史,目前仍被广泛采用。

【工程实例7-1】 太原—石家庄高速公路K2 ~ K39段分布有不同程度的湿陷性黄土,其中K2 +000 ~ K9 +800段,湿陷性黄土的厚度一般为1.0 ~7.3m,总湿陷量为3.0 ~27.5cm,为Ⅰ级非自重湿陷性黄土;K9 +800 ~ K26 +500段,湿陷性黄土厚达16m,为原生风成黄土;自重湿陷量为14.8 ~24.8cm,总湿陷量为31.0 ~78.1cm,为Ⅱ ~ Ⅲ级自重湿陷性黄土。

1992年进行该高速公路位于湿陷性黄土段的涵洞设计,采用垫层法进行地基处理。垫层材料选用三七灰土。垫层厚度:对于Ⅰ级非自重湿陷性黄土地基,垫层厚度采用30 ~50cm;对于Ⅱ级非自重湿陷性黄土地基,垫层厚度采用50 ~100cm;对于Ⅱ级自重湿陷性黄土地基,垫层厚度采用2.0m;对于Ⅲ级非自重湿陷性黄土地基,垫层厚度采用3.0m。垫层宽度:垫层采用满铺法,每边超出基础底面的宽度(襟边)等于垫层厚度,并小于50cm。垫层的容许承载力确定:当垫层厚度为30 ~50cm时,在原天然地基容许承载力的基础上提高30%,并不超过250kPa;当垫层厚度大于100cm,则按下卧层顶面的承载力控制设计。

在地基处理的同时，还采用了结构措施和防水措施。涵洞结构尽可能选择能适应变形的钢筋混凝土结构。对于Ⅱ～Ⅲ级湿陷性黄土地基上的涵洞，基础一般采用15号片石混凝土整体式基础，以达到减少基底应力和防水的作用。另外要求涵洞进出口排水应畅通，不得有积水现象。

处理效果：该段高速公路自1996年通车以来，位于湿陷性黄土地段的涵洞采用垫层法处理地基后，效果良好，没有出现地基沉陷和沉陷病害。

（二）动力夯实法

动力夯实法一般可分为强夯法和重夯法，当要求消除3～6m厚度的湿陷性黄土时，宜采用强夯法；当要求消除1～3m厚度的湿陷性黄土时，宜采用重夯法。但在建筑物密集的地区和有精密仪表设备的房屋附近，或在其他浅基础构造物附近，应慎重采用或应采取行之有效的防振或隔振措施。

【工程实例7-2】 某高速公路有669m位于Ⅱ级自重湿陷性黄土地基，湿陷性黄土厚3～5.3m，天然含水率10%。该工程取90m长为试验区，根据夯点的布置和夯击遍数的不同分为3个小区。

1. 参数确定

夯锤采用圆柱形和带气孔的铸铁锤，底面积$5m^2$，夯锤单位底面的静压力30kPa。起重设备采用40t履带吊车及滑轮组合自动脱钩装置。辅助机械采用T220推土机1台、Y18/10静力式表面压路机1台。

2. 夯实效果

夯击前后做了静力触探、标准贯入试验、钻孔取样及室内土工试验等。夯后的静力触探试验结果表明，经加固后的地基顶面承载力可达150kPa以上，标贯试验表明，3区加固效果最好。对3区进行取样测试，结果见表7-1。

3区测试结果 表7-1

深度(cm)	干密度γ_d(kN/m^3)	含水率w(%)	压实度D_y
5～15	19.0	10.9	0.98
30～40	18.9	11.2	0.96
60～70	18.6	11.3	0.94
80～90	18.5	11.2	0.92

测试结果表明，经夯实后地基土被压密，干重度提高，完全消除了6m以内地基土的湿陷性，地基土的承载力提高2倍以上。该工程于2005年5月完工，投入使用以来，效果良好。

【工程实例7-3】 晋侯高速公路关门至侯马段位于山西省临汾盆地地处黄土高原，沟壑纵横，山势陡峻，总体上东高西低。该项目沿线湿陷性黄土分布较广，其中湿陷等级在Ⅱ级自重以上湿陷性黄土比例最大，其特征为：地下水埋藏较深，Q_3黄土广泛分布，钻孔揭露深度11.8～40.5m（未见底），表层黄土多呈坚硬～硬塑状态，局部为软塑状态，大孔隙，垂直节理发育，粉粒含量较高，具湿陷性黄土特征，经计算判定，地表以下5.0～15.0m范围内硬塑～坚硬黄土具Ⅱ级自重湿陷，场地为自重场地，既没有地下水位的动态变化，也影响不到湿陷性黄土层，同时也改变不了其湿陷特征。

1. 地基处治措施

对强夯处理的地基，夯实宽度为路基坡脚以外2m的范围。

为防止路基范围内及其两侧的陷穴对路基产生危害，对路基范围内及路堤或路堑上侧20m、下侧15m范围内的陷穴必须查明，并根据陷穴大小、类型和埋藏深度采取回填压实、明挖回填等方法处理。

2. 小型构筑物自治措施

对于Ⅱ级以上自重湿陷性黄上路段的石拱涵、暗板涵等采用整体式基础，采用强夯自接处理地基。

3. 工程处理方案

强夯施工中除应遵照《公路桥涵施工技术规范》(JTJ 041—2000)和《建筑地基处理技术规范》(JGJ 79—91)中的有关章节规定执行外，还应注意几点：

1)设计参数

强夯采用：锤重100kN，落距11~15m。强夯遍数：3遍。加固影响深度：5~6m。

2)强夯施工操作

第1~第2遍按3~6m中距，梅花形间隔跳夯，每夯位连续夯15次，最后一遍满夯，或每夯位连续夯6次，相互搭接1/2~1/3夯痕，并夯平地基表面。夯击下沉厚度，回填综合稳定土至基底高程，压实度达95%以上。夯打中要观测每夯位每击的沉降量，最后两击平均夯沉量不应大于5cm。两遍夯击时间间隔为1d。

3)强夯效果检验

强夯后须采用静力触探并取样进行室内试验确定土的物理力学参数及承载力。

从强夯前后的现场效果看，该方法是消除地表浅层湿陷性的有效措施。这样不仅节约成本与材料，且施工简单，周期相对缩短，速度相应加快，具有一定的经济性和质量可靠性。

(三)挤密桩法

1. 素土与灰土挤密法

土桩、灰土桩挤密地基是用沉管、冲击、爆扩等方法在地基中形成直径28~70cm的桩孔，然后向孔内填夯素土或灰土成桩。土桩、灰土桩可以消除湿陷性黄土地基的沉陷性，并提高地基的承载力。

土桩、灰土桩挤密方法的主要特点是不需要大挖大填，土方量少，处理深度较深，造价低等。它的处理深度可达15~25m，这是一般加固方法，如土垫层、重锤夯实、强夯等所难以达到的，是消除或减小厚度较大的黄土层湿陷性的一种简便而有效的方法。

2. 碎石挤密桩法

以碎石为主要材料制成的地基加固桩，碎石桩当前被广泛用于加固软土地基及消除土的液化，也有用于处理湿陷性黄土地基的工程实例。

对于湿陷性土层较厚的场所，由垫层法置换或强夯法加固都无法彻底消除其湿陷性，采用土桩挤密的方法较理想。某场地地表下约14m范围内属强湿陷性黄土状土，孔隙发育，干密度约1.30g/cm^3，孔隙比约1.090，湿陷系数达0.085。下部土层为老黄土，土质均匀致密，压缩性低，在300kPa压力下遇水有轻微湿陷。从总体上看，该场地湿陷性强烈，等级高，厚度大。

设计用直径40cm、长15m灰土桩加固处理该场地。施工时预浸水，增大表层上的含水率，并消除自重湿陷性。然后按2.5倍桩径的桩距梅花形布桩施工。经试验施工，该施工方法可消除上部土层的强湿陷性。天然干密度由约1.30g/cm^{3}提高至约1.5g/cm^3，湿陷系数由0.085降至0.015以下(表7-2)。经处理后复合地基土的荷载试验表明，加固后的地基土承载力有明显的提高。其中，埋深14m范围内的两层强湿陷性黄土地层的承载力标准值分别由110kPa、122kPa提高至200kPa、210kPa。此外，荷载试验曲线的比例界限比较明显，复合地基土比例界限点对应的沉降值相对较小，仅约为10mm。

地基土挤密后的力学性质 表7-2

深度(m)	含水率(%)	液限(%)	天然干密度(g/cm^3)	挤密后干密度(g/cm^3)	湿陷系数δ
2.5	10.6	27.1	1.33	1.49	0.008
4.0	11.3	27.4	1.32	1.47	0.007
5.5	13.2	27.1	1.29	1.50	0.006
7.0	16.5	27.7	1.30	1.45	0.010
7.5	16.2	28.3	1.31	1.51	0.009
10.0	16.3	28.1	1.35	1.49	0.006
12.0	16.7	27.8	1.30	1.50	0.007

【工程实例7-4】 济南绕城高速公路南外环起点与京福高速公路的槐荫立交相接，终点至济南东外环的邢村立交，沿线为低山丘陵单斜断块，大面积出露古生界碳酸岩，山间谷地堆积冲洪积物和坡洪积物及风化成因的黄土、亚黏土；地形变化显著，主要为低山丘陵地貌单元。全线按地形、地貌及相应工程地质条件，可分为丘陵区和低山丘陵区。K0～K14+300、K34+500～K40为丘陵区，地形起伏相对较大，地面高程在54.20～188.80m之间，高差134.60m左右，第四系松散堆积物较厚。K14+300～K34+500段地面高程在180～430m之间，相对高差250m左右。该区第四系松散堆积物呈不连续分布，厚度变化很大。全线第四系为马兰黄土和亚黏土，以黄土为主，黄土呈硬塑状态，具有针状空隙，垂直节理发育，为Ⅰ型非自重湿陷性黄土，冲沟、陡坎发育，边坡多为土质的直立陡坡，在自然状态下稳定性好，具有明显的黄土特征。

湿陷性黄土在自然状态下强度较高，在外界水的侵蚀下土体结构强度下降，呈大孔结构破坏，疏松的结构在外力作用下产生压缩变形，引起路基和结构物失稳。因此，处理措施以疏排水、覆盖和破坏土体的大孔结构为主。由于沿线地形复杂，路基填土高度变化大，黄土湿陷性系数不同，处理措施随条件不同而有所变化。

(1)石灰土垫层。离房屋较近的路段，为避免其他处理措施对居民的影响，地基采用换填一定厚度的石灰土处理，既能阻断地表水的渗入，也能减少作用于垫层下的黄土上的压力。石灰土的体积配合比为3:7。石灰土垫层厚度视黄土层厚度为1.0～1.5m。

(2)重夯法。黄土厚度较薄的路段，采用重锤夯实处理，处理宽度为两侧护坡道外缘之内。单击夯击能250kN·m，锤底静压力值不小于16kPa，落距不小于4.5m，可采用一夯挨着一夯的方法夯击，夯点采用三角形布置。

(3)强夯法。对地下水位低的一般黄土路段，采用强夯处理，三角形布夯击点。处理宽度为两侧护坡道外缘之内，锤底净压力在25～35kPa之内。在大面积强夯施工前，分别选取四处有代表性的地段进行了250kN·m、1 000kN·m、1 500kN·m、2 000kN·m四个能量级的夯击试验。试夯结束后，在试坑内挖一探井，从夯实层表面起，采取土样试验湿陷起始压力、湿陷系数及地基土的容许承载力等，并与试夯前进行对比。

路基下为黄土陡崖时，为减少同一断面陡崖上和陡崖下路基的不均匀沉降及黄土的湿陷性，需先在陡崖上开挖台阶，台阶宽度不小于4m，陡崖上有天然台阶且台阶宽度满足夯击作业宽度时可直接夯击。每级台阶高度不超过4m。台阶上夯击完毕后，应将临空面未夯击的松散土层剥离。剥离后的临空面应有一定的斜坡度，保证压路机进行填土压实时能碾压至填土边缘。陡崖上、下均为填方时，陡崖上及开挖平台上基底的压实度应与同高程的填土压实度相同，不相同时，应压实至相等。陡崖处为半填半挖时，填方侧填土的压实度应与同高程挖方侧路床的压实度相同，不相同时，应将压实度低的压实至相等。挖方段基底开挖至等于或高于路基设计高程(夯击后的地面高程不高于路床顶面高程即可)时，再进行夯击。

(4)黄土发生湿陷的外因是受雨水浸泡，为减少雨水下渗机会，需封堵雨水下渗的通道，尽快将水排出路基之外，设计中采取以下措施：①路堑边沟及路堤坡脚排水沟采用浆砌片石铺砌；②土质路堑边坡采用空心砖防护时，为防止坡脚处黄土风化剥落，影响美观和堵塞边沟，坡脚处浆砌片石铺砌50cm高后再在坡面上铺放空心砖。

目前，湿陷性黄土的处理方法较多，但多数方法主要针对建筑物的地基处理，不适应于公路地基处理。公路的长条带状特点造成了沿线地形条件多变，在设计中，需结合工期、造价、施工工艺、施工环境等因素，并要考虑与桥台基础施工的配合，确定合理的处理方案。从该工程的施工和以往的经验来看，强夯是处理湿陷性黄土较好的方法，具有施工速度快、造价低、效果显著的特点，并且易于控制施工质量。施工中应提前安排好强夯试验段，以减少强夯施工后期与桥台基础施工的冲突，通过试夯确定适应强夯的地基条件及夯击参数，为下一步的大面积施工提供依据。

课题二　多年冻土地基处理

一、多年冻土的基本概念

(一)多年冻土

在天然条件下，冻结状态持续3年或3年以上的土层称为多年冻土。冬季冻结，夏季全部融化的土层，称为季节冻土。冬季冻结，一两年内不融化的土层，称为隔年冻土。

多年冻土的表层，夏季融化，冬季冻结，仍属于季节冻土。考虑其和下部多年冻土的关系，统称为季节冻融层。

多年冻土主要分布在高纬度或高海拔的寒冷地区，它是自然历史现代气候的产物。多年冻土地区约占全世界陆地面积的1/5，我国约有190万km^2多年冻土。

(二)多年冻土的分类

多年冻土按其与上覆季节冻融层的关系，可分为不衔接冻土和衔接冻土两类。

1. 不衔接冻土

参看图 7-1a)，冬季冻结时季节冻融层不与下伏多年冻土层衔接的，称为不衔接冻土。这种情况下的季节冻融层，专称为季节冻融层。

不衔接冻土分布在不太严寒的地区，在北半球分布在高纬度多年冻土地区的南部。

2. 衔接冻土

冬季冻结时季节冻融层与下伏多年冻土层完全衔接的，称为衔接冻土。这种情况下的季节冻融层，专称为季节融化层，因为只有夏季融化时才能显现出来，见图 7-1b)。

衔接冻土与不衔接冻土相比，分布在更为寒冷的地区，在北半球分布在高纬度多年冻土区的北部。

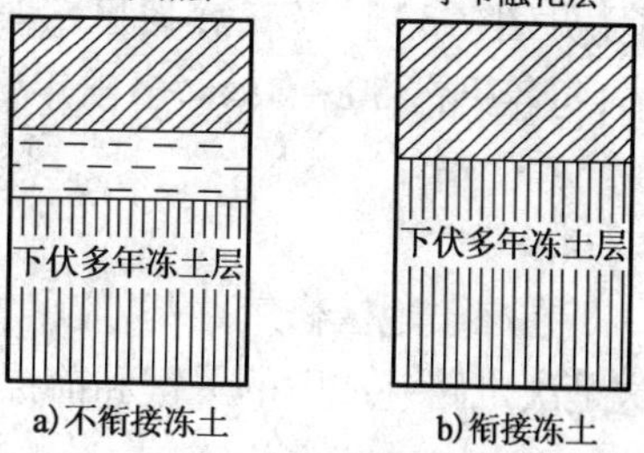

图 7-1　衔接和不衔接的多年冻土

二、多年冻土地区的特殊筑路问题

在多年冻土地区修建公路，有一系列特殊的工程地质问题，如冰丘、冰锥、地下冰、热融沉陷、热融湖塘、冻融泥流等；还有一些工程地质问题，如冻胀、翻浆、沼泽、湿地等。这些问题虽然不是多年冻土地区所特有，但在多年冻土地区它们有很大的特殊性，并达到很大的规模。

1. 厚层地下冰

含土冰层厚度大于 0.1m 时，或饱冰冻土厚度大于 0.3m，称为厚层地下冰。在厚层地下冰发育地段，容易产生热融沉陷、热融滑坍等不良地质现象，对路基稳定性影响甚大，在勘测时需十分注意。

2. 冰丘与冰锥

冰丘亦称冻胀丘，如图 7-2 所示。冬季，冻结层上的水，由于土层自上而下冻结、过水断面减小，形成承压水。当压力增大到大于上覆土层的强度时，地表便发生隆起，形成冻胀丘，直径几米到几十米，高几十厘米到二三米，单个或成串分布。

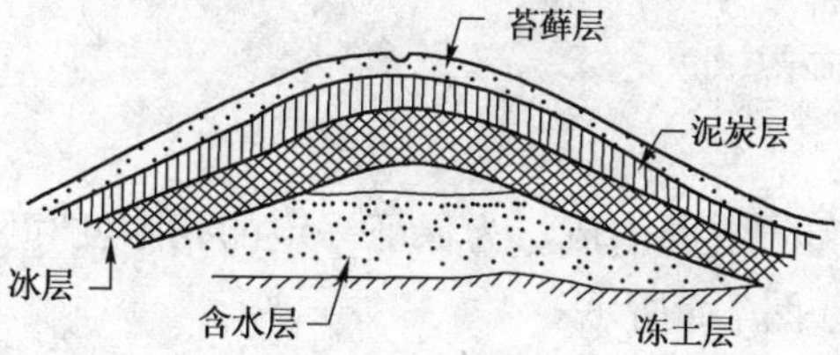

图 7-2　冻胀丘剖面图

典型的地下水冰锥，其形成与季节性冻胀丘类似。不同之处在于：冻结层上水承压后，突破上覆土层，冻结堆积于地表。这种冰锥多分布在山麓坡脚、洪积扇边缘以及山间洼地等处。

3. 沼泽与沼泽化湿地

在排水不畅的地带，由于地面水、地下水和大气降水的作用，使地表长期过湿，沼泽植物发育，并形成泥炭，如泥炭厚超过 50cm 即称为沼泽；如泥炭厚小于 50cm，即称为沼泽化湿地。

在多年冻土地区，由于多年冻土层构成广泛的隔水层，使表层土过湿，特别是在低地、平地、缓坡等处，大量形成沼泽与沼泽化湿地。

4. 热融湿陷

由于自然因素或人为因素的影响，改变了地面的温度状况，引起融化深度加大，使多年冻土层发生局部融化，导致融化土层在土体自重和外压力作用下产生沉陷，这种现象称为热融沉陷。

热融湿陷是多年冻土地区路基路面的主要病害。由于破坏了冻土的保护层、路基填土高度不够、路基排水不好等原因,使上限下降,都可产生热融沉陷(见图 7-3)。兴安岭地区一段路堤,由于热融沉陷,每年下沉 50～60cm,多雨年则可达 100cm。

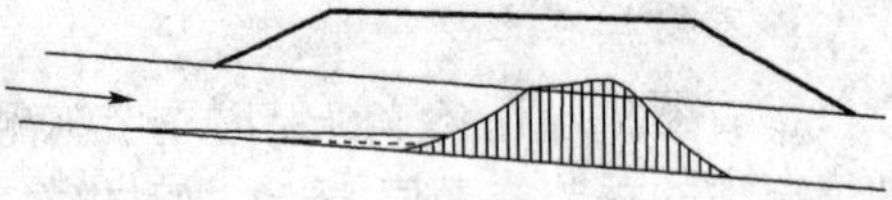

图 7-3 路堤下冻结核阻水

三、多年冻土地基处理

在冻土地区修筑路基,应尽量避免零填方与挖方。路基高度要满足保护冻土的基本要求,这是决定路基成败的关键和前提。多年冻土地基处理主要有以下方法。

1. *砂砾石换填法*

采用砂砾石换填,要求采用黏粒不超过 12% 的粗颗粒土,适用于砂砾较丰富、单价较低、运输距离较近的地方。

2. *聚苯乙烯泡沫塑料保温板(EPS)*

利用 EPS 保温板保护冻土路基能有效地阻止地表和路基土体的热交换,对保护冻土路基温度场地稳定性有良好的效果。EPS 路堤剖面图如图 7-4 所示。

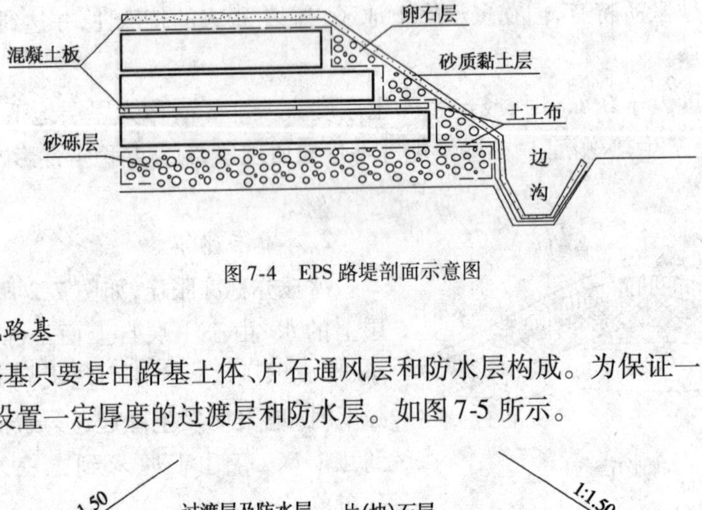

图 7-4 EPS 路堤剖面示意图

3. *片石通风路基*

片石通风路基只要是由路基土体、片石通风层和防水层构成。为保证一定的孔隙度和防止水流浸入,需设置一定厚度的过渡层和防水层。如图 7-5 所示。

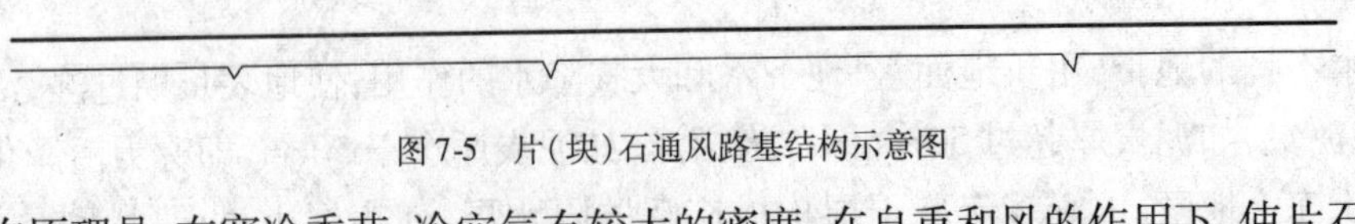

图 7-5 片(块)石通风路基结构示意图

其工作原理是:在寒冷季节,冷空气有较大的密度,在自重和风的作用下,使片石间隙中的热空气上升,冷空气下降并进入地基;而在温暖的季节,热空气密度小,很难进入地基,类似于热开关效应。

4. *热桩(棒)*

热桩(棒)是 20 世纪 60 年代发展起来的一门新技术,它利用制冷质在密闭器中的两种置换,将高温端热量迁移至低温端,从而使高温冷却,形成热虹吸,热虹吸是一种垂直或倾斜埋于地基中的液气两相转换循环的传热装置。热虹吸的冷冻作用可有效地防止多年冻土退化和融化,降低多年冻土地基的温度,提高多年冻土地基的稳定性。

5. 基土强夯

用强夯法处理冻胀土是近年发展起来的一种新技术。主要是将夯击能作用在土表层上,并以波的形式将能量传给土体,在瞬间可压缩土体数厘米至数十厘米。用这种方法处理黏土、亚黏土、淤泥质黏土与填土,及其他强冻胀、严重翻浆的软弱地基土,可使其性质有很大的改善。

6. 物理化学方法

(1)人工盐渍的改良土。加入 NaCl、$CaCl_2$和 KCl 等,以降低冰点的温度、减轻冻害。

(2)用憎水物质(如柴油等化学表面活性剂)改良土,以减少地基的含水率。

(3)使颗粒聚集或分散改良土。

7. 防渗隔水与排水

在产生冻胀的三个基本因素中,水分条件是决定性因素。必须控制水分条件,以达到削减和消除基土冻胀的目的。控制水分条件的措施可归结为降低地下水位、降低季节冻结层范围内土体的含水率、隔断外来的补给水。

在路基上方设立截水沟已证明是有效的措施,截水沟在冻结时可起到隔水作用。在穿过灌区的公路两侧及下方设置截水沟是十分重要的,因为在西北地区有漫灌的习惯,往往使路基饱水并在冬天发生冻胀,在翌年春融时发生翻浆。在路基下垫加砂砾层以隔断毛细水上升,可以在治理冻胀和盐胀方面取得很好的效果。

【工程实例 7-5】 压林线 K282 + 800 ~ K282 + 850 路基有冰锥病害,从 20 世纪 70 年代开始,每年 12 月到翌年 3 月该段线鼓起 80mm,严重时一昼夜线鼓起 20mm 左右,严重危及行车安全。每年进入冬季经常以 25km/h 限速行车,严重时靠打眼放炮泄水,以维持线路稳定。为此对该处病害进行了全面彻底整治,采用疏导排除地下水的处理措施,以消除地下水的补给,削弱地下水受上覆土层冻结承压而上升的趋势。该工程从 1988 年竣工至今,其间于 1992 年对出水口防冻进行了成功地改造,工程效果显著。这一实例的成功进行,为今后整治多年冻土地区路基冰锥病害积累了施工经验,又为出水口保温防冻探索了新的途径。

1. 病害

线路为东南、西北走向,穿越山前缓坡地带,线路两侧地热左低右高,横坡为 15°。距离线路两侧 60m(左)和 180m(右)有两处冰锥发育,每年隆起高度 8.0 ~ 10.0mm,形状呈椭圆形,体积共约 $100m^3$。在 12 月份气温下降到 −35 ~ 40℃ 时,冰锥上面出水口被冻结封死,地表冻结厚度 0.5 ~ 0.9m 左右,这时地下层间水全部在冻结层下面,靠重力势能下流到路基附近,成为病害的主要补给水源。

该段多年冻土上限在 3.0 ~ 4.0m,在植被覆盖地段冻结深度为 1.5 ~ 3.2m,属于不衔接多年冻土,在路基附近无植被,冻结层加深,形成衔接多年冻土。又由于路基经常年营运,土体压实,成为一道地下截水墙,使地下水在路基附近受阻。层间水上面是季节冻结层形成隔水的顶板,下面是多年冻土层上限形成的隔水底板,随着水源不断补给,水压逐渐增大,最后形成冻胀土,将路基鼓起。

2. 整治方案

根据钻探资料及病害分析，该工程病害主要是地下层间水活动受阻承压造成，因此确定以排除地下水为主的综合治理方案（图7-6）。

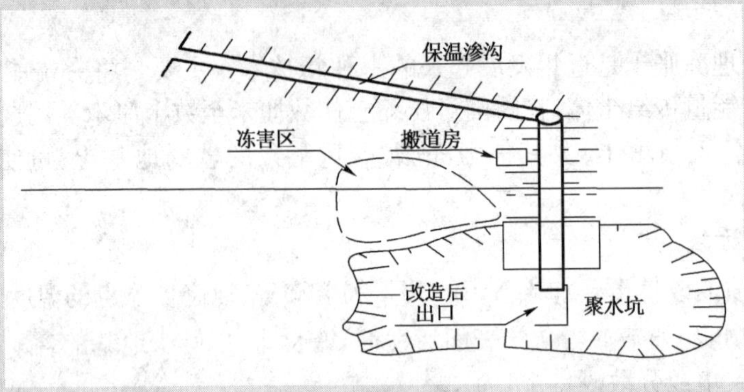

图7-6　平面示意图

(1)沿线路K282+750~K282+900右侧开挖一条地下保温、排水渗沟。

(2)在渗沟下游跨越线路铺设一段长30m、直径200mm的金属排水管道，将渗沟排除的地下水引到线路下游，并在出口处修筑一处采暖房并架设一座火炉，用人工燃火加温，以保证出水口不冻结、排水畅通。

(3)开挖一个约4000m^{3}的聚水坑。

3. 工程施工

多年冻土的施工是一项季节性很强的工程，必须保证在冻土未融化的情况下开挖，选择在2月份结冰期开始施工，当开挖深度达到1.5m时，突然涌出大量地下水，越出沟槽，冲向线路。由于一时无法全部排除大量地下水，延缓了工期，使开挖工作延到4月中旬，当时最高气温上升到10℃。由于高温和水流使冻土和冰体迅速融化，造成大量边坡坍塌，给施工带来很大困难。于是采取了分段排水、支撑开挖的措施，向前逐步推进。再继续下挖至1.8m处出现大面积埋藏冰，厚度在0.2~0.6m之间，长度20m左右，形状不规则，坚硬透明，属于脉冰，沿沟槽长50m挖出约60m^{3}纯冰。当沟底挖至设计高程时，于沟底回填0.3m厚混合砂垫层，上面砌筑毛石边墙。在两侧边墙砌完后发现上游边墙沿上底方向出现横向裂纹，经分析，认为是边墙所受墙后主动土压力对边墙产生倾覆力矩所造成。随即采用旧钢轨在渗沟内焊制支撑框架加固，其上铺设钢筋混凝土盖板，另采用厚0.8m塔头草保温，并铺设厚0.2m黏土保护层。跨越线路部分是采用轨束梁架空施工。

4. 出水口改造

利用聚苯乙烯硬质泡沫板对该出水口保温进行了改造，取得了很好的效果。

在确定了当地冻融线为3.4m和多年冻土上限为3.8m中间存在一个活动层的前提下，于排水管出口下方开挖一个深4.0m、长5.0m、宽2.0m的渗井，用以增大蓄水量和下流水渗面积，并且在四周和底部用块石砌成边墙和护底加固，上面用钢筋混凝土盖板覆盖，以保证渗井的稳定。

最后在渗井盖板上面及周围地面外延3.0m范围内铺设一层0.1m厚聚苯乙烯硬质泡沫板，并覆盖0.5m厚当地土作保护层。

课题三　膨胀土地基处理

膨胀土是一种特殊土，它是在地质作用下形成的一种主要由亲水性强的黏土矿物组成的多裂隙并具有显著膨胀性的地质体。由于其在土体中杂乱分布的裂隙及反复胀缩变形造成强度衰减的特性，所以常常给工程建筑带来严重破坏，造成许多地质灾害。

【工程实例7-6】 湖北某高速公路膨胀土路基的综合处理。

（一）膨胀土工程地质特征

1. 地质构造及地形地貌

该高速公路约1/3路段穿越了鄂北岗地膨胀土分布区，膨胀土路段属于南襄段坳南部的襄枣断陷，自晚白垩世开始发育，向北呈斜坡过渡至新野凸起，构造线呈北西西向，与断陷南部及两侧凸起山系的延伸方向相协调。在构造的控制下，形成了四周山体环抱的盆地地形，膨胀土路段区正处于盆地外围山体向盆地中心平原的“中环”过渡地段。白河除在唐白河及沙河两岸形成河流冲积平原地貌外，其余均为垄岗地貌形态，主要表现为近南北走向的垄岗与相同展布，自然边坡角一般为10°~20°，丘顶浑圆而平坦，在沟谷两侧的岸坡可以发现许多大小不等、形态各异的细沟与纹沟。在流水冲刷作用下的水沟水渠常因崩塌、滑动而淤塞。

2. 主要物理力学指标

该高速公路孝感至襄樊的膨胀土多属弱膨胀土，但也有少数中等及强膨胀土，则这些膨胀土体在50kPa压力浸水饱和后的压缩下沉量基本大于其膨胀量，一般不产生体积增大现象而呈现压缩特征，由此可判断该处膨胀土体在遇较小附加压力作用下，即使含水率增大，也基本不呈现膨胀作用的效果；其在浸水条件下多具有膨胀力，但膨胀力均较小；其天然含水率一般均大于塑限含水率，表明其膨胀土体在失水条件下均能产生收缩变形。

（二）膨胀土路基的综合治理

1. 设计阶段

充分利用工程地质资料，正确选择设计方案，作出深挖长路堑与隧道的比较、高填长路堤与桥的比较；选择适合膨胀土特性的合理边坡形式、坡度、高度，路基边坡坡度以不小于1∶1.75的坡率设计，一般采用直线或折线坡；路堤高度为5m以上时设置平台；挖方路堑根据不同的膨胀潜势设计1∶2.0边坡坡率，路堑高度在6m以上设计平台，中~弱膨胀土矮边坡一般为直线折线坡，强膨胀土路堑或高边坡采用台阶形边坡；选择必要有效的工程措施等。如预测有大型滑坡的严重危害时，应采取绕避方案。

2. 施工阶段

施工中充分掌握膨胀土所具有的卸荷膨胀、风化膨胀和遇水膨胀等重要工程地质特征和规律，选择适合膨胀土特性的正确施工方法与季节。膨胀土地区的一般工点都在旱季施工，并一气呵成。其施工顺序严格遵循：先排水，后主体；快速开挖，及时支挡；自上而下，分层逐级施工的原则。

3. 养护阶段

由于膨胀土病害的发生，大多有一个从量变到质变的发育过程。边坡、路基一旦出现变形，如不及时治理与维修，则变形有进一步扩大的可能。所以，要经常注意边坡、路基及防护工程的工作状态,发现问题及时采取措施进行养护维修。对危害性大的膨胀土地区,建立观测系统,以防止突发性危害的发生。

4. 膨胀土边坡工程防护与加固

1) 表水防护

设置各种截水沟,建立地表排水网系,阻拦坡面水流,使表层水不致渗入土体和冲蚀坡面。主要措施有设计防渗和设截水的天沟、吊钩、侧沟、排水沟。由于膨胀土的水文地质特征决定膨胀土中的地下水多为浅层裂隙性质,且具有极不均匀性,一般采用支挡渗沟的措施;在少数几处地下水最大、埋藏较深的地段,采用了渗水井、渗水暗沟和卸水隧洞等措施。

2) 坡面防护加固

膨胀土边坡因开挖使原来处于稳定的膨胀土裸露在边坡表面而降低了其上覆盖力。由于风化、易胀缩变形而引起的边坡危害较多,因此,对膨胀土坡面的防护、加固就显得特别重要。坡面防护主要根据边坡膨胀土类别及风化程度而合理选择。

(1) 骨架护坡:主要用以防止坡面土风化,同时加强风化层土体的支撑稳固作用。

(2) 片石防护:主要用于整治边坡膨胀土体已产生的局部溜塌情况,对边坡土体起反压和部分支挡的作用,可以加强边坡稳定性。

(3) 植被防护

膨胀土表面生长植被后,能够保证土壤温度、湿度的相对稳定,避免水分的大幅度变化,从而大大减少膨胀土干缩、湿胀的发生,增强路堤、路堑的稳定性。

3) 支挡防护

主要用于膨胀土或中等膨胀土的边坡,以防止滑坡的发生。支挡结构物类型的选择,要按照地形地貌、土层架构与性质、边坡高度、滑坡的大小与厚度,以及受力条件和危害程度而采取相应的形式进行治理。主要治理措施有挡土墙、抗滑桩、锚杆、钢筋网等措施。

对于膨胀土地质区域的各种情况,从大量的工程实例总结出可从如下几个方面进行处理。

一、地 基 处 理

对于地基为膨胀岩土的路基,在施工前必须进行处理。

1. 清表压实

挖除路基范围内的树根、灌木,清除表土,挖除淤泥,排除积水,填平夯实坑穴,切断或降低地下水,清除深度一般不小于30cm,然后对基底进行压实,必要时可将地基土翻松、打碎,再整平、压实。

2. 换填处理

对挖方和填高不足1m的低填路段的地基,应采用换填法处理。换填深度应根据膨胀土的膨胀性和当地的气候特点确定。有的经验换填处理深度为:强膨胀岩土地基2m;中低膨胀岩土地基1.0~1.5m。换填材料应为非膨胀土或经改良后的膨胀土,例如采用1.0m左右的砂砾垫层可有效地消除膨胀土的胀缩作用,提高地基的承载力。换填时应按规定的压实度标准分层压实。

3. 改性处理

对作为地基或用作填料的膨胀土可以采用化学方法进行改性处理,其目的是降低膨胀土的膨胀潜势，提高水稳性和强度。目前，用于膨胀土改性的添加剂材料主要有石灰、水泥、粉煤灰、石膏、NCS 固化剂等。

二、膨胀土路堤

(一) 路堤断面

(1) 路面采用不透水面层。一般公路宜尽可能采用柔软的面层和较厚的粒料基层，高等级公路宜采用厚层石灰土底基层。

(2) 路基面横坡尽可能大些。

(3) 路肩尽可能宽些，最少不小于 2.0～2.5m。路肩全宽用与路面基层相同的结构层铺砌，并铺较薄的不透水面层或作防渗处理。

(4) 边沟适当加宽并尽可能加深，沟底应在土基顶面以下至少 40～50cm。

(二) 路堤边坡的坡形、坡度与路基高度

1. 路堤边坡坡形

一般用弱膨胀土填筑的低路堤，采用一坡到顶的直线形边坡；对填土较高的路段，应采用折线式分级边坡；用不同土质分层填筑的路堤也宜采用折线形边坡，一般为上陡下缓。

2. 路堤边坡坡度

用弱膨胀土及中等膨胀土填筑的路堤，当边坡高度小于 6m 时，坡度宜采用 1:1.5～1:1.75；边坡高度在 6～10m 时，坡度宜采用 1:1.75～1:2.0；边坡高度大于 10m 时，坡度宜采用 1:1.75～1:2.5，且应设置平台，平台宽度不小于 2.0m。

3. 路基高度

膨胀土填筑后，受大气风化作用和湿胀干缩效应影响，土块将逐渐崩解，土的强度逐渐衰减，在自重与行车荷载作用下产生压缩沉降，所以膨胀土高路堤在后期下沉量大，且易形成下沉外挤，从而产生很大的沉降量。基于以上情况，膨胀土路堤不宜过高，一般宜控制在 3m 以内。

(三) 路堤排水与边坡防护

1. 路堤排水

路堤排水对于膨胀土地区的路基路面的稳定具有特殊的重要意义。应采取措施使地面径流形成良好的排水网系，防止地面径流冲蚀路基，做到防水保湿，则可消除膨胀土湿胀干缩的有害影响。为此，对所有的排水工程都要采取浆砌加固。

2. 路堤边坡防护

膨胀土路基边坡的防护，经改性处理或用非膨胀土外包封闭的可按一般路基防护处理。路堤的边坡防护，通常采用植被防护或砌石防护。

(四) 路基压实

1. 膨胀土的压实特性

膨胀土具有很高的黏聚性，当含水率较大时，一经机械搅动将形成塑性很高的巨大团块，很难晾干。这些团块表面干燥后变得坚硬，而内部则因水分很少丧失而呈可塑状态，因而难以破碎、压实。所以膨胀土的压实是道路施工中的难题，也是影响路基路面稳定的一个突出问题。

2. 压实标准

由于膨胀土的上述压实及压实后浸水变化的特性，所以，除非在不得已情况下才采用弱至中等膨胀土作为路堤填料，而且采用填筑湿度较大的土料，即湿度比最佳含水率大1% ~3%，这相当于用石灰改良后的最佳含水率，密实度则低于最大干密度的标准值0.5 ~1.5kN/m^3。

(五)路堤填土的处理

当必须采用膨胀土作为路堤填筑材料时，一般情况下应对填料进行处理或对路堤采取某些保护措施。

(1)改性处理。若采用石灰作添加剂，应事先进行有效氧化钙和氧化镁的试验。有效氧化钙和氧化镁的含量应大于80%。拌和时，石灰最好分成两次掺入，均匀、充分拌和。

(2)包心处理。即在路堤中心和下部采用膨胀土作填料处包一层非膨胀性土，或在路堤中心和下部用中等膨胀土，外层和上部用最弱的膨胀土。

(3)膨胀土高路堤后期沉降量大，通车后常产生下沉外挤。故对填土高度超过6m的路堤，设计时，应采取加宽路基面措施或采用土工栅格或土工布加筋处理，分级填筑。两层土工合成材料间的填土厚度可为60cm左右。每级边坡台阶可设置截水沟，截水沟与平台应封闭，坡脚应设置挡土墙。尽量避免膨胀土路堤的含水率在使用期间发生波动，从而减小膨胀土体积变化的影响。

(4)保湿防浸。路堤成形后，可在其顶部采用防水土工布进行封闭处理，也可在底基层顶部喷洒沥青膜封层。如果在施工时路堤底部两侧均采用防水土工膜进行封闭，两侧边坡采用台阶式填筑，然后在两侧的土工膜外再包以非膨胀黏土，修整成型，最后植草，则效果最佳。

(5)膨胀土路基施工时应一气呵成，并避免雨季施工和长时间的施工间隔。对于已发生的应暂停施工，恢复施工时应采取刮除松层、晾晒或洒水、复压等措施，经检验合格后才能缓慢施工。

(6)三背(桥头、涵洞或通道挡土墙背后)填土由于界面效应等原因，易产生不均匀沉降开裂甚至坍塌等病害，设计时应采取相应处理措施。

(7)填挖交界处两侧的膨胀土的含水率和密实度不同，为均匀压实，在交界处2m范围内的挖方地基表面应挖台阶翻松，检测其含水率与填土含水率的差别，并使之达到相近水平，然后再压实。

三、膨胀岩土路堑

为了保障膨胀岩土路段的道路畅通，必须对膨胀岩土路堑边坡进行防护和加固。防护的目的是为了保护可能产生的边坡变形破坏，而加固则是对已产生变形或破坏的边坡进行整理。防护与加固的措施，应根据膨胀岩土类型、边坡稳定性的影响因素、场地性质和环境地质条件、当地气候条件等条件来确定。

1. 边坡防护

1)边坡的开挖方式与坡度临时防护

对于高度大于10m的膨胀岩土边坡宜采用台阶型，从而将高边坡变为矮边坡的组合形式。这既可减轻边坡土体对坡脚压力，又可减缓地表水对坡面的冲刷，且平台对坡脚也可起到一定的支撑作用。

坡比设计应比类似地质条件的其他岩土边坡采取更为保守的坡比方案。

边坡开挖也必须坚持自上而下、逐级开挖的原则，每开挖一级后应及时完成防护工程施工，然后再进行下一级边坡的开挖，切忌让边坡长时间裸露。

2）加强边坡的防排水

应千方百计使膨胀岩土与外部自由水隔绝开来。对有地表水出露的边坡，无论是脉流还是浸出，都应采用地下排水措施，加以排除。排水设计方案可采取边坡外围截水、体内防渗、地下疏导，以排水沟、渗沟、盲沟为主要导水方式。

当坡顶外侧附近有灌溉田、水田、池塘，特别是季节性蓄水的沟渠、池塘、水田时，由于无水季节使边坡干燥，收缩开裂，再蓄水时产生渗漏，因而极易造成边坡的破坏。因此，应采取必要措施予以处理或与当地有关方面协商解决。

当边坡上方有常年水源排入边坡时，则应采取截留措施，以防止边坡溜塌滑坡。

3）植被防护

常年植被防护有铺草皮和种紫穗槐、三叶草等。

4）坡面封闭

（1）片石护坡：既适用于边坡已局部破坏的各种坡段，用以整治膨胀土病害，也适用于新线路堑，用以预防边坡破坏发生。片石有单层和双层之分，利用自重可对边坡土体起反压和抑制膨胀的双重作用，同时对已受破坏牵动的土体也有一定支护作用。

（2）三合土抹面、四合土抹面：适用于任何坡度的边坡坡面防护，可以防止降雨和地表水对坡面的冲蚀，同时也可防止地表水渗入土体引起膨胀变形。

（3）混凝土预制块封闭：实用性与防护作用基本和三合土与四合土抹面相同。但是混凝土块对坡面表土膨胀可以起到一定的抑制作用，且施工也较方便。

（4）浆砌片石护面墙：护面墙坡度不大于1:0.5，分等截面和变截面两种（见图7-7）。当坡度为1:0.5时，等截面护面墙高度不宜超过6m；当边坡缓于1:0.5时，等截面护面墙高度不宜超过10m，对于超过10m的，应采用变截面护面墙，且高度不宜大于15m，否则应分级修筑。

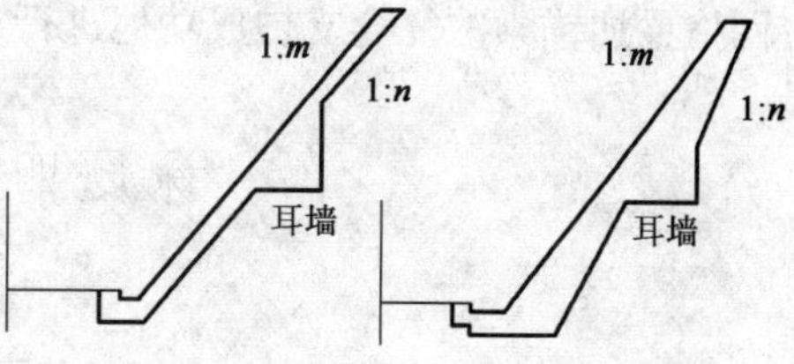

a）等截面护面墙　　b）变截面护面墙

图7-7　浆砌片石护面墙

（5）边坡渗沟：主要是以片石换填边坡等体积的膨胀土体，用以疏干潮湿边坡出露的上层滞水或泉水，并对边坡起着骨架嵌固作用和支撑边坡作用。边坡渗沟应垂直嵌入边坡土体，每相间6～10m一条，宽1.2～1.5m，深度视边坡潮湿土层的厚度而变，一般为深度1.5～2.0m的矩形截面。如图7-8所示为边坡渗沟与片石垛示意图。

（6）片石垛（图7-8）：是一种常与边坡渗沟配合的防渗工程，设于坡脚，与边坡渗沟下端连接，用于边坡加固、坡脚稳固、支撑坡面，同时还可以将渗沟中汇集的水排入沟内。它用片石干砌，面坡1:0.75～1:1，宽度1～1.5m，垛宽1.5～2.5m。

2. 边坡的支挡与加固

1）挡土墙

用于膨胀土路堑边坡稳定的挡土墙，有别于一般土质边坡的坡脚墙。由于膨胀土边坡的土体结构特性，挡土墙既有坡脚墙，又有坡腰墙，也有坡顶墙；根据路堑情况，可以设置一级挡土墙，也可以设两级或多级挡土墙。

2）土钉支护

在膨胀岩土边坡中采用钻孔注浆土钉，通过土钉与岩土体之间的黏着力和土钉面层对边坡的变形约束作用，可以大大提高原位岩土体强度，增强边坡的整体稳定性。但土钉支护应在地下水位以上使用。如果采用钢筋网喷射混凝土面层，则不仅可加强边界约束限制坡面膨胀，而且可以对坡面起到良好的封闭作用，防止大气环境对边坡坡面的不利影响。

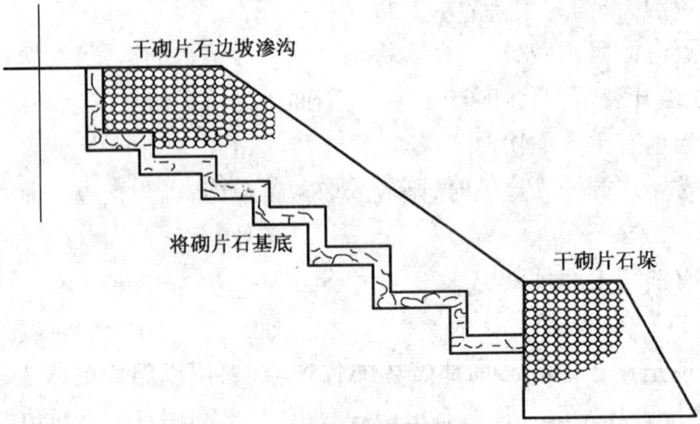

图7-8　边坡渗沟与片石垛示意图

2001年，广西南宁成交的高速公路建设，对膨胀岩土路堑边坡就大量采用了土钉网格梁支护，收到了很好的效果，而且对多处中等规模的膨胀岩土滑坡，也通过采用土钉网格梁或土钉网格梁加锚索的复合支护成功地进行了处治。

课题四　岩溶地基处理

一、岩溶的定义

岩溶，又名喀斯特（Karst），是可溶性岩石在地表流水和地下水的长期化学溶蚀和机械侵蚀作用下，形成的特殊地貌形态和水文地质现象的统称。在石灰岩中由岩溶作用形成的地表形态和地下形态被称之为岩溶地貌。

二、岩溶地区主要的公路地质问题

道路是一种线状的人工构造物，需要跨越各种各样的地貌和工程地质区段，在大面积的岩溶分布区必然要遇到各种岩溶地貌带来的工程地质问题。

（1）路基、结构物的不均匀沉降。在埋藏的岩溶分布区，一些覆盖层厚度大的地方，其下部往往因透水性差而成为软土。由于地基的强烈不均匀性，建筑在这种软土上的路基和人工构造物将不可避免地遇到地基的不均匀沉降及由此引起的工程质量事故。

（2）路基、隧道遭受水淹、水毁。在雨季，因为落水洞和漏斗的排水能力不足或堵塞，大量岩溶水从消水洞涌出往往造成地表水排泄不畅，这些都可致使位于岩溶谷槽和溶浊洼地的路基遭受水淹和水毁。

（3）地下岩溶塌陷导致地表沉陷及隧道结构、设施破坏。地下溶洞、土洞的塌陷常引起地表发生沉陷而造成严重的地质灾害，致使建筑在地表的道路、房屋及各种结构物的毁灭性破坏。如2000年湖南宁乡某一级公路在施工时，因附近煤矿排水，地下水位下降，导致大量土洞形成、地下溶洞和土洞塌陷，最大塌陷面积达200余m^2。

三、岩溶水及溶洞的处理

1. 疏导

例1 京珠高速公路湖南耒(阳)宜(章)段某灰岩路堑右侧及路基底部有多处岩溶裂隙水冒出，原设计边沟仅能排除出地表水。因渗冒出的岩溶水不能排泄，致使该段道路在路面面层尚未施工前就出现了严重的路基软化和翻浆问题，只好返工。在路堑右侧设计排水盲沟，在路基底部设计网格状排水渗沟，其上铺摊碎石层，才解决了岩溶水软化路基的问题。

例2 某段山坡路线，如遇阴雨，路基即发生冒水，经填片石堵塞，仍产生渗水、松软、下沉现象。后改用涵洞排水，挖基至实土，建0.5m×0.6m干砌片石暗涵一道，将岩溶水导入涵洞排出，才消除了路基冒水。

2. 跨越

路线通过溶洞或岩溶水时，如跨越和施工条件好，可采用跨越法。桥跨适用于流量较大的暗河、冒水洞或消水洞等。涵跨适用于一般岩溶泉。在跨越季节性或经常性积水而水不深的溶蚀洼地时，可采用片石透水路堤。对洞径小但埋深很大的溶洞，可采用拱跨或钢筋混凝土板跨越。

例3 某线改建桥梁时，在桥基底部遇到一较深溶洞，采用浆砌片石暗拱跨越，然后在暗拱上修筑基础。该桥建成后至今已近十年，在使用中未发现异常情况(图7-9)。

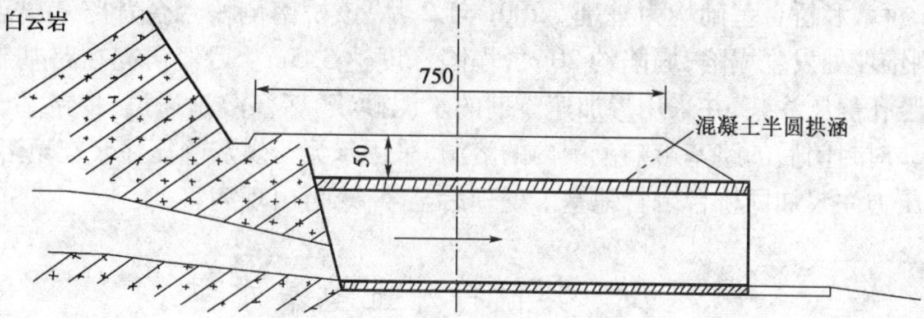

图7-9 例3示意图(尺寸单位:cm)

3. 加固

为防止基底溶洞的坍塌及岩溶水的渗漏，经常采用以下加固方法。

(1)洞径大、洞内施工条件好时，可采用浆砌片石支墙、支柱及码砌片石垛等加固；如需保持洞内水流的畅通，可在支撑工程间设置涵管排水。

(2)深而小的溶洞不便用洞内加固方法时，可采用石盖板或钢筋混凝土盖板加固。

例4 某线路基某挡土墙清基时发现一个深的溶洞，不易堵塞，经研究，先凿平洞口两边风化部分作为支点，用石盖板把洞口封闭，在盖板上砌挡土墙基础，已经十年，未发生变形。

(3)对人工开凿的隧道，如遇可溶岩层裂隙发育并有岩溶水渗漏情况时，可采用补砌加固，并注意岩溶水的排除。

例5 某线通过峰丛垭口，3处开凿隧道共长168m。岩层裂隙发育，均有不同程度的渗漏和溶蚀现象，其中1号隧道长79m，渗漏较大，全部衬砌，其余有部分衬砌或无衬砌。

4. 填塞

(1)对洞径小、顶板或岩层破碎的溶洞,可采用炸破顶板,挖除洞内淤泥,用片石回填的方法处理。

(2)对于露出路基面或构造物记得的溶洞,可部分或全部以碎石、片石换填。

(3)对基本停止发育的干涸溶洞,如路基边沟旁或路堑边坡上的溶洞,一般以堵塞为宜。

(4)对路堑边坡上的溶洞,如影响边坡稳定时,洞内可用片石堵塞,洞外用干砌片石铺砌,砂浆勾缝,或用浆砌片石封闭。

例6 某处路堑边坡顶部溶洞发育在泥质石灰岩内,为防止雨水渗入洞内软化岩层或增加岩层间的潮湿程度而引起顺层滑动,可将坡面洞口用浆砌片石堵塞,洞壁抹砂浆防水层(图7-10)。

5. 灌注

对路基下埋深度较大的溶洞,若非暗河通道,采用灌注法是一种经常采用且效果较好的出路方法。灌注法通过钻孔将灌注材料注入溶洞,充满或部分充满溶洞。灌注材料多种多样,如泥浆、水泥浆、水泥砂浆、水泥混凝土、水泥粉煤灰浆、砂等。

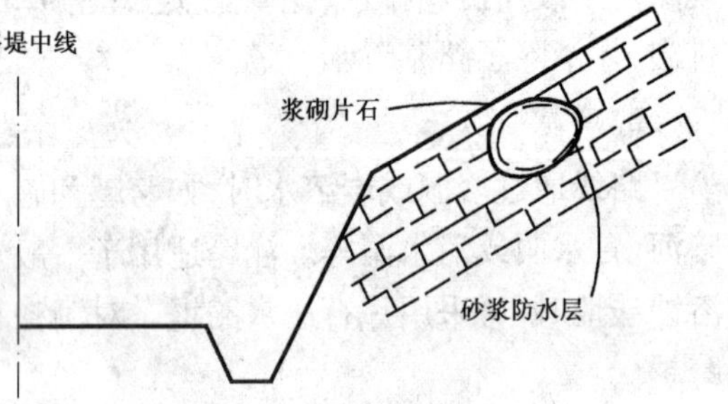

图7-10 例6示意图

例7 京珠高速公路湖南耒阳至宜章段K292 +970处黄泥坳中桥为一预应力混凝土空心板简支桥,桥墩和桥台基础均为桩基。2001年2月,该桥南侧桥台台背路基出现不均匀沉降,桥台两侧锥坡处发生塌陷,塌陷约20m^2,塌陷深度达3.5m。后经研究在路基影响范围两侧边界采用竖孔静压注浆,并采用掺加速凝剂的水泥砂浆,堵塞溶洞通道,将路基影响范围内的溶洞封闭。对封闭后的路基影响范围内的溶洞,采用水泥粉煤灰静压注浆充填溶洞,对桥台地基则采用压力注浆加固桥台台背地基。处理后至今,未再出现病害。

课题五　其他特殊土地基处理

除了上述常见的湿陷性黄土、膨胀土、多年冻土以及岩溶地基之外,红黏土也是一种特殊的地基,需要处理。

一、红黏土的定义及分布

红黏土是出露在地表的碳酸盐岩在更新世以来的湿热环境中,经过一系列复杂的物理和化学风化,特别是红土化作用,形成并覆盖在基岩上,呈棕红或黄褐色的高塑性黏土。

红黏土的形成和分布与地质历史上的气候条件密切相关,其分布主要集中在我国长江以南,即北纬33°以南地区,它西起云贵高原,经四川盆地南缘、鄂西、广西向东延伸至粤北、浙南、皖南、浙西,总面积大约100万km^2。

二、路基工程中红黏土的处理方法

红黏土虽然强度较高,压缩性较小,但因与岩溶伴生,且含水率、液限均较一般黏土高,具有胀缩性等,因此常被称为“有问题的土”或特殊土,红黏土路基也被称之为特殊土路基。当其含水率高于塑限时,无论是作为路堤填料,还是作为路堑地段地基,都需要进行必要的处理,其处理方法主要有如下几种。

(一)垫层置换法

路堑地段的红黏土路基,一般位于红黏土土坡、丘的下部,含水率往往超过了最佳含水率,因此很难达到95%的压实度。当施工期间的气候条件不利时,可采用垫层换填处理,即将路基基底超挖不小于30cm的厚度,改用其他好黏土、砂石、灰土、粉煤灰等材料铺填碾压密实后形成置换垫层,并做好防水处理,然后再在其上进行路面工程施工。这样不仅解决了压实度的问题,进一步提高了路基强度,而且可以消除红黏土的膨胀性对路面的影响。我国某高速公路工程采用石灰和粉煤灰,按2:8(质量比)配制,经搅拌形成二灰垫层,作为红黏土路基,其效果甚佳。

(二)土性改良法

1.石灰改良法

京珠高速公路湖南耒(阳)宜(章)段红黏土的改良试验表明,对含水率高达40%的红黏土掺加6%(质量比)的生石灰,12h后含水率降低6%,接近于塑限值,压实度则达到90%。

对不适宜作路堤填料的红黏土,可通过掺加3%~5%石灰进行改良。对路堑地段的路基,也可将基地翻松,然后洒石灰水或消石灰,并随即压实来消除红黏土的膨胀性。当石灰掺入到红黏土中后,石灰就会在水中溶解为Ca^{2+}和OH^-,增大了土中的pH值。由于Ca^{2+}交换能力较强,可将高岭石、伊利石等黏土矿物吸附的Mg^{2+}、K^+、Na^+交换出来,从而减少了土的塑限,使结合水膜厚度变薄,土的含水率降低,胶体老化,塑性减小。随着土的塑性幅度降低,红黏土的胀缩性也随之消除。同时,黏粒结合水的减少,使得粒间空隙内产生负孔隙水压力,土粒向内收缩,黏土粒间的结合力增强,从而减少了黏土的分散性。

除石灰外,还可采用水泥、NCS固化剂等降低土体含水率,改善过湿红黏土的压实性能。

2.砂石、粉煤灰等瘦化剂改良法

试验表明,在红黏土中加粗砂、碎石、石屑、粉煤灰、矿渣等瘦化剂也可大大降低红黏土的液限,减少其塑性,达到土性改良的目的。由于这些瘦化剂材料与红黏土的均匀拌和不易实现,耗费工时,因此在实践中可采用分层摊铺,即每30~40cm厚的红黏土,上铺8cm左右的瘦化剂,而后碾压密实,使每30~40cm厚的黏土层顶部都形成10cm左右厚的“土结石”层,构成“三明治”式的路堤。

(三)降低压实度标准

填筑于下路床及上、下路堤的红黏土填料,当进行处理或采用重型压实标准有困难时,可采用轻型压实标准。对高速公路和一级公路,采用轻型压实标准的下路床,上、下路堤的压实度分别不小于98%、95%、90%,其他等级道路要求下路床应不小于95%,上、下路堤均要求不小于90%,零填及路堑路床则要求不小于95%。研究表明,红黏土的结构强度较大,对于稠度大于1.0的红黏土,特别是具有胀缩性的红黏土结构强度与膨胀能力具有反相关关系,原有的结构联结被破坏后的扰动土,较原状土具有更大的膨胀和胀缩变形。密实度越高,其膨胀量和膨胀力越大;在同一密度条件下,初始含水率越低,其膨胀量和膨胀力越大。

【工程实例 7-7】 湖南某高速公路 K174 ~ K195 路段的红黏土，呈褐红色。节理裂隙发育，黏土矿物含量约 70%。化验分析结果表明，主要氧化物 SiO_2、Al_2O_3 和 Fe_2O_3 占全部氧化物总量的 85% 左右。其最佳含水率为 23.2%，最大干密度 16.4kN/m，液限为 56.8%，塑限为 29.0%，自由膨胀率为 50%，属于弱膨胀性的高液限黏土。压实度和 CBR 符合结构路基填料要求。

1. 路堤碾压方式及压实功

经实验确定：

(1) 用 18t 压路机静压一遍、振动两遍，即可达到 90 区的压实标准。

(2) 用 18t 压路机静压一遍、振动两遍、再静压一遍，即可达到 93 区的压实标准。

(3) 用 18t 压路机静压一遍、振动三遍、再静压一遍，即可达到 95 区的压实标准。

2. 施工

(1) 分层填筑。填土区分区段长 20m，采用分区段画线上土。填土前画 5m × 5m 的方格网，并测量横断面左、中、右三桩高程 T_0，每格倒红黏土 7.5m^3，然后按 3% 的质量配比，人工撒石灰。用路拌机拌和均匀后再用推土机推平，并做 2% 横坡。分层松铺厚度 30cm，松铺后测量左、中、右三桩高程 T_1。

(2) 碾压含水率控制在最佳含水率的 2% 范围内。采用 18t 压路机，静压速度小于 66m/min，由两边向中间行进，横向轮迹重叠大于 0.5m。振动压实时亦采用慢速(66m/min)，分层压实后，测量分层的左、中、右三桩高程 T_2。

松铺系数的计算：$K_2 = (T_1 - T_0)/(T_2 - T_0)$

(3) 最佳机械以及人员组合。自 90 区、95 区均为：挖土机(EX200 - 2)1 台，自卸汽车(8t)6 台，推土机(SH120)1 台，压路机(YZ180)1 台，平地机(WBZ21)各 1 台，普通工人10 人。

复习思考题

1. 特殊土地基有哪些类别？
2. 湿陷性黄土的常用处理方法有哪些？
3. 如何确定动力夯实法的施工效果？
4. 多年冻土地基有哪些处理方法？
5. 如果要采用膨胀土作为路基填料，应做何处理？
6. 简述岩溶地基的处理方法

附录　案例分析题

案例分析题一

背景材料:某高速公路设计车速为130km/h,全长35km路面面层为三层沥青混凝土结构,1～20km的地基土为湿陷性黄土,20～35km之间的地基土为膨胀土。在膨胀土路基施工过程中发生如下情况:

(1)用强膨胀土作为路堤填料。

(2)挖方地段当挖到距路床顶面以上20cm时,停止继续向下开挖,并挖好了临时排水沟。

(3)在路堤与路堑交界地段,采用了台阶方式搭接,其搭接长度为1.5m,并碾压密实。

(4)挖方边坡一次性挖到设计线,并立即做了浆砌护坡封闭。

问题

1. 湿陷性黄土地基常用的处理方法有哪几种?

2. 湿陷性黄土地区地基陷穴的处理方法有哪几种?各自的适用范围如何?

3. 逐条判断施工单位在膨胀土路基施工过程中发生的情况是否妥当,并说明原因或改正不妥之处。

案例分析题二

背景材料:某大桥工程施工项目,基础的开挖采用明挖基础施工方法;在围堰施工时采用双壁钢围堰施工,其施工工序为:钢套箱制作就位下沉清基和浇筑水下混凝土拆除钢套箱;基坑排水施工采用帷幕法施工;地基的加固方法采用换填法。

问题

1. 明挖基础的施工方法有哪几种?

2. 双壁钢围堰施工的施工工序有何不妥?请改正。

3. 围堰施工的方法有哪些?

4. 帷幕法施工的具体方法包括哪些?

5. 利用换填法加固地基时,应换入哪类材料?

6. 除换填法外,还有哪些加固地基的方法?

案例分析题三

背景材料:贵黄高速公路扩线路基工程K55+010～K69+150段软土成因复杂,构成多元结构,空间分布差异大,层位复杂。软土的厚度化大,性质差异大。根据沿线地基勘探表明,分三个地质层:一层软塑状低液限黏土,分布连续,深度0～2.6m;二层以流塑状淤泥低液限黏土主,局部为淤泥质低液限性粉土,间夹低液限土质砂、低限黏土,深度为2.6～8.3m左右;三以软～硬塑状低液限黏土为主,间夹中密状液限粉土质砂,压缩性低,深度约为8.3～15.3m。设计上采用粉体喷射搅拌桩(干法)处理软基,通过粉喷桩的间距来控制结构物的后沉降。

问题

1. 为什么此处采用粉体喷射搅拌桩处理软基?
2. 简述粉体喷射搅拌桩的基本施工流程。
3. 控制路基的工后沉降的标准是什么?
4. 此处还可以采用什么方法进行处理?

案例分析题四

背景材料:某高速公路 K138 + 150 ~ K138 + 710 段,位于残丘区的山间谷地与海岸线潮汐带交界处,属于滨海路堤。该段路堤半幅坐落在山坡上,半幅位于浅海潮汐带。勘探资料显示,该处地基存在 7 ~ 10m 厚软土层,含水率 40% ~ 60%,孔隙比 1.2 ~ 2.0,属于淤泥和淤泥质土。该段路堤填土高度 14 ~ 16m,是典型的高路堤,并且地基半幅硬半幅软,所以存在着横向的不均匀沉降问题。由于软弱层与持力层(碎石土)的界面具有向海中倾斜的坡度(约 10%),地基自身存在着下滑因素。从解决软土地基的沉降和稳定两方面综合考虑,采取了振冲碎石桩方案。

问题

1. 简述振冲碎石桩处理软土地基问题的基本原理。
2. 简述振冲碎石桩处理软土地基的基本施工流程。
3. 振冲碎石桩施工时要用到的机械设备有哪些?
4. 碎石桩和砂桩有何异同?

案例分析题五

背景材料:某高速公路 K126 ~ K135 段路线经过一山区,在山间谷地之中,间断分布着小块的软土地基,经过挖探和踏勘调查,发现软土具有以下特点:①软土层厚较薄,一般为 1 ~ 2m,最大深度 3m,为山谷流水淤积而成,地表多为稻田,软土多为淤泥质土,软塑状;②软土分布在山间谷地,底面多为一倾斜面,坡度一般为 15° ~ 35°,有的与路线走向一致,有的与路线斜交;③软土路段地面水及地层中的毛细水较为发育。

问题

1. 根据此处的地质条件,可以采用什么处理方法?
2. 软弱地基的浅层处理方法包括哪些?

案例分析题六

背景材料:某喷粉桩施工前几步工序如下:①标定输灰泵的输灰量、粉灰经输灰管到达搅拌机喷灰口的时间以及预搅下沉速度等几个施工参数并确定施工工艺;②通过室内试验选用施工所用的固化材料;③使用带计量装置的喷粉桩机,记录水泥的瞬时喷入量和累计喷入量,计算储灰罐容量;④预搅。

问题

1. 除标定上述几个施工参数外,还应标定哪几个施工参数?如何确定施工工艺?
2. 施工中,发现喷粉量不足时应如何处理?

案例分析题七

背景材料：某填方路基高度6～11m，位于水田坝区，施工完成后7～14个月期间，上述高填段落中发现局部有纵向裂缝，间断长度6～15m不等，宽度1～5mm。当时水稳层已经完成，部分路段沥青路面也已经施工。主要原因：①该段路基地质软弱程度严重，原地面下浅棕色粉土厚度大于4m，该土层在地下水浸润时特别软弱；②采用的填料大部分是细粒砂性土，夹少量黏土，而砂性土的工后沉降量是很大的。随着路基填筑结束，路基不会完全稳定下来，还会继续发生缓慢的沉降。

问题

1. 对于题中路基遇到的问题应采用什么方法进行处治？
2. 简述所采用方法的基本原理。

案例分析题八

背景资料：某路基的施工工艺如下：①清除老路堤边坡及水渠沟底杂草，清除浮土50cm，将地基整平；②铺设第一层土工网，并用"U"形钉固定，在新老路堤交界面挖台阶，将土工网逐级固定其上，回填30cm厚碎石，将土工网反折2.0m；③铺设第二层土工网，回填1.0m黏性土，分三层铺筑，每层用8～12t压路机平压三遍；④将第二层土工网反折水平伸进边坡2.0m，再按常规施工要求填筑路基至设计高程，距设计高程80cm内土的压实度不小于93%。

问题

1. 该工程是新建工程吗？为什么？
2. 该路基是采用了什么处治方法？请简单介绍。
3. 简述这种方法施工中的要点。

案例分析题九

背景资料：某高速公路穿过一段12km的软土地基，表层为1～2m亚砂土，第二层为淤泥土，深度为6～15m，再下为淤泥质黏土土。采用的处理方法为：软土段路堤高度大于3m的路段采用塑料板与砂垫层联合作用的排水固结法。排水板原则上要求穿透淤泥层，地表铺设50cm砂垫层。路堤高度小于3m的路段，以及虽非软土但为水田、地表水丰富的路段，均作砂垫层处理。

问题

1. 塑料排水板的施工机械是什么？
2. 简述塑料排水板施工工艺流程。
3. 塑料排水板的布置一般有何要求？

案例分析题十

背景资料：某工程地质条件为：工程所在地位于海滨，上层系第四纪全新世晚中期滨海河口相沉积物，厚度达16m左右的淤泥质土层；其下为粉细砂层，厚4～5m，中密到密实。粉细砂以下为亚黏土层，厚度较大。经过各种方案比较，认为采用袋装砂井处理成本较低，并且符合现场的条件。

问题

1. 袋装砂井长度应如何确定？
2. 袋装砂井与普通砂井有何区别？
3. 简述袋装砂井的施工步骤。
4. 袋装砂井所用的砂袋和砂有何要求？

参考文献

[1] 刘玉卓. 公路工程软基处理[M]. 北京:人民交通出版社,2003.
[2] 汪双杰,等. 高速公路不良地基处理理论与方法[M]. 北京:人民交通出版社,2005.
[3] 王书斌,杜群乐. 公路路基施工要点与质量控制[M]. 北京:人民交通出版社,2005.
[4] 殷永高,屠筱北. 公路地基处理[M]. 北京:人民交通出版社,2002.
[5] 俞高明,杨仲元. 公路施工技术[M]. 第2版. 北京:人民交通出版社,2009.
[6] 邓学钧. 路基路面工程[M]. 北京:人民交通出版社,2001.
[7] 文德云. 公路施工技术[M] 北京:人民交通出版社,2003.
[8] 刘吉士,阎洪河. 公路路基施工技术[M]. 北京:人民交通出版社,2003.
[9] 王晓谋. 高等级公路软土地基路堤设计与施工技术[M]. 北京:人民交通出版社,1998.
[10] 廖世文. 膨胀土与铁路工程[M]. 北京:中国铁道出版社,1984.
[11] 林宗文. 岩土工程治理手册[M]. 沈阳:辽宁科学技术出版社,1993.
[12] 张诚厚,等. 高速公路软基处理[M]. 北京:中国建筑工业出版社,1997.
[13] 刘钊. 砂桩与CFG桩联合加固软基[J]. 公路,2002.
[14] 中华人民共和国行业标准. JTG E42—2005　公路工程集料试验规程[S]. 北京:人民交通出版社, 2005.
[15] 邱利锐. 土工格栅在软土路基中的应用[J]. 公路,2002.
[16] 刘勇健,沈军,杨长山. 强夯法处理大面积厚填土非均匀地基[J]. 广东地质,2000.
[17] 中华人民共和国行业标准. JTJ 034—2000　公路路面基层施工技术规范[S]. 北京:人民交通出版社,2000.
[18] 中华人民共和国行业标准. JTG F10—2006　公路路基施工技术规范[S]. 北京:人民交通出版社,2006.
[19] 陈冠雄,等. 广东省高速公路软基处理实用技术[M]. 北京:人民交通出版社,2005.